一起学 Python

亚沙万特·卡内特卡尔（Yashavant Kanetkar）

阿迪亚·卡内特卡尔（Aditya Kanetkar）　著

孙　萌　译

东南大学出版社
SOUTHEAST UNIVERSITY PRESS
·南京·

图书在版编目(CIP)数据

一起学 Python / (印)亚沙万特·卡内特卡尔,(印)
阿迪亚·卡内特卡尔著;孙萌译. — 南京:东南大学
出版社,2022. 9
书名原文:Let us Python
ISBN 978-7-5766-0144-2

Ⅰ.①一… Ⅱ.①亚… ②阿… ③孙… Ⅲ.①软件工
具-程序设计 Ⅳ.①TP311.561

中国版本图书馆 CIP 数据核字(2022)第 103967 号

图字:10-2019-628 号

一 起 学 Python

著 者	亚沙万特·卡内特卡尔(Yashavant Kanetkar) 阿迪亚·卡内特卡尔(Aditya Kanetkar)	
译 者	孙 萌	
责任编辑 张 烨 责任校对 韩小亮 封面设计 毕 真 责任印制 周荣虎		
出版发行	东南大学出版社	
社 址	南京市四牌楼 2 号(邮编:210096 电话:025-83793330)	
网 址	http://www.seupress.com	
电子邮箱	press@seupress.com	
经 销	全国各地新华书店	
印 刷	常州市武进第三印刷印刷有限公司	
开 本	787 毫米×980 毫米 16 开本	
印 张	14.5	
字 数	284 千字	
版 次	2022 年 9 月第 1 版	
印 次	2022 年 9 月第 1 次印刷	
书 号	ISBN 978-7-5766-0144-2	
定 价	58.00 元	

本社图书若有印装质量问题,请直接与营销部联系,电话:025-83791830。

此书献给

Nalinee 和 *Prabhakar Kanetkar*...

关于 Yashavant Kanetkar

Yashavant Kanetka 在 C、C++、Java、Python、数据结构、.NET、物联网等方面的书籍和 Quest 视频课程，在过去的三十年已经创造、塑造和培养了数十万的 IT 行业从业人员。Yashavant 的书籍和 Quest 视频为印度和其他国家培养一流的 IT 人才做出了重大贡献。

Yashavant 的书享誉全球，数以百万计的学生和专业人士从中受益。他的书被翻译成印地语、古吉拉特语、日语、韩语和汉语。他的许多著作在印度、美国、日本、新加坡、韩国和中国出版。

Yashavant 是 IT 领域非常受欢迎的演讲者，曾在 TedEx、印度理工学院、印度信息技术研究所、国家理工学院和全球性的软件公司举办过研讨会/讲习班。

Yashavant 因其在创业、专业和学术上的卓越表现，被印度理工学院坎普尔分校授予"杰出校友奖"。这个奖项是印度理工学院坎普尔分校颁发给在过去 50 年里在各自的专业领域以及为社会进步做出重大贡献的前 50 名校友。

由于对印度 IT 教育的巨大贡献，Yashavant 连续 5 年被微软评为"Best .NET Technical Contributor（最佳.net 技术贡献者）"和"Most Valuable Professional（最有价值专家）"。

Yashavant 拥有孟买 Veermata Jijabai 技术学院（VJTI）的工学学士学位（BE）和印度理工学院坎普尔分校的技术硕士学位（M. Tech）。Yashavant 目前担任 KICIT Pvt. Ltd. 和 KSET Pvt. Ltd. 的董事。

关于 Aditya Kanetkar

Aditya Kanetkar 拥有亚特兰大乔治亚理工学院的计算机科学硕士学位。在此之前，他在印度理工学院古瓦哈蒂分校获得了计算机科学与工程学士学位。Aditya 的职业生涯始于在美国加州雷德伍德市甲骨文公司担任软件工程师。目前他在美国微软公司工作。

Aditya 从在 Redfin、亚马逊和 Arista Networks 实习时起就是一名非常热衷于编程的程序员。他目前的兴趣是任何与 Python、机器学习和 C♯ 相关的技术。

前　　言

在过去的几年里，编程领域发生了巨大变化。Python 正在进入与编程有关的每一个领域。因此，用 Python 编程是一个人必须掌握的技能，越早越好。

将 Python 作为第一门编程语言来学习的初学者也会觉得这本书很容易理解。这主要归功于 Python 语言本身——它对于初学者来说非常简单，同时对于能够发挥 Python 编程优势的专业人士来说又非常强大。

许多学习 Python 的人对一些编程语言至少略知一二。所以他们对学习第一门编程语言的典型曲线不感兴趣。相反，他们在寻找能让他们迅速起飞的东西。他们正在寻找在其他语言中使用过的某个特性的异同点。这本书对他们应该大有帮助。我们没有使用冗长的篇幅来解释某个特性，而是用"KanNotes"来说明它的要点，并在程序的帮助下解释这些要点。

如果你要我们说出这本书最重要的特点，我们会说简单。无论是代码还是文字，我们都尽可能地简化它。就代码而言，我们希望提供一些简单的示例，这些示例可以轻松地进行编辑、编译和运行。

你还会注意到，本书中很少有编程示例是代码片段。我们注意到，一个实际编译和运行的程序比代码片段更有助于提高人们对一个主题的理解。

简单的练习对于完善读者对一个主题的理解是非常有用的。所以每章的结尾都会有一道练习题。请尝试一下。它们真的会让你事半功倍。

这本书倾注了我们最大的努力。我们相信你会觉得这本书有用。我们努力编写一本像 Python 语言本身一样有趣的书籍。祝你编程愉快！

Yashavant Kanetkar

Aditya Kanetkar

目　　录

1

Python 简介

kn *KanNotes*

- Python 是由 Guido van Rossum 创建的,他被亲切地称为"终身仁慈独裁者"(Benevolent Dictator For Life)。

- Python 程序员经常被称为 Pythonists 或 Pythonistas。

- Python 首次发布是在 1991 年。今天,Python 解释器可用于许多操作系统,包括 Windows 和 Linux。

- 人们使用 Python 的原因
  - (a) 软件质量
    - ——比传统的脚本语言更优
    - ——可读的代码,因此可重用和可维护
    - ——支持先进的复用机制

  - (b) 更高的开发效率
    - ——比静态类型语言好得多
    - ——更小的代码量
    - ——更少的键入、调试和维护
    - ——没有冗长的编译和链接步骤

(c) 程序的可移植性

　　——在大部分平台上运行程序是不需要调试的

　　——通常只需要剪切和粘贴，即使是在 GUI、DB access、Web 编程、OS 接口、目录访问等环境下

(d) 支持多种函数库

　　——强大的库支持，从文本模式匹配到网络化

　　——丰富的第三方库

　　——用于网站建设、数字编程、游戏开发、机器学习等领域的库

(e) 组件集成

　　——可以调用 C、C++库和 Java 组件

　　——可以与诸如 COM、. NET 等框架进行通信

　　——可以通过网络与 SOAP、XML-RPC、CORBA 等接口进行交互

　　——广泛用于产品定制和扩展

(f) 乐趣

　　——易用

　　——内置工具集

　　——编程成为乐趣而不仅是工作

- Python 可用来做什么？

  ——系统编程

  ——GUI

  ——网络脚本编程

  ——组件集成

  ——数据库编程

  ——快速原型设计

  ——数字与科学编程

  ——游戏开发

  ——机器人学

- Python 的重要特性

（a）它支持所有 3 种编程模型——过程式编程、面向对象编程（OOP）和函数式编程。

（b）它的 OOP 模型支持封装、继承、多态性、操作符重载、异常处理等 OOP 特性。

（c）它是面向对象编程语言（如 C＋＋和 Java）的理想脚本编写工具。

（d）使用合适的胶水代码，它可以子类化 C＋＋、Java、C♯类。

（e）它可以免费使用和分发，并得到社区的支持。

（f）它是可移植的——标准实现是用 ANSIC 编写的。

（g）它可以在目前使用的每个主流平台上编译和运行。

- 是什么让 Python 与众不同？

  （a）强大

  ——动态类型化

  ——不需要变量声明

  ——自动分配和垃圾收集

  ——支持类、模块和异常

  ——允许组件化和复用

  ——强大的容器，包括列表、字典和元组

  （b）现成的东西

  ——对于像连接、切片、排序、映射等操作，实现封装，可直接调用

  ——强大的库

  ——大量的第三方实用工具集合

  （c）易用

  ——边编写代码边运行

  ——没有编译和链接步骤

  ——交互式编程体验

  ——快速迭代

  ——程序更简单、更小、更灵活

- 现在谁在用 Python？

  ——Web 搜索系统：Google

  ——视频共享服务：YouTube

　　——点对点文件共享系统：Bit Torrent

　　——硬件测试：Intel、HP、Seagate、IBM、Qualcomm

　　——动画电影：Pixar、Industrial Light and Magic

　　——金融市场预测：JP Morgan、Chase、UBS

　　——科学编程机构：NASA、FermiLab

　　——商用真空清扫机器人：iRobot

　　——密码和情报分析：NSA

　　——电子邮件服务器：IronPort

- 获取 Python 源代码、二进制文件及 IDE（集成开发环境）

　　（a）Python 官网：www. python. org

　　（b）Python 文档网址：www. python. org/doc

　　（c）NetBeans IDE 下载网址：www. netbeans. org

[A] 回答下列问题：

（a）列出 Python 广泛应用的 5 个领域。

（b）下面哪些不是 Python 的性质？

　　——静态类型化

　　——使用前需声明变量

　　——使用后通过析构函数销毁对象

　　——通过错误编号处理运行时错误

　　——库支持列表、字典、元组等容器

2

Python 基础

Python 是什么？

- Python 是一种可以用多种不同方式实现的语言规范。这个规范有很多用不同语言编写的实现。

- 流行的 Python 实现

  CPython：用 C 语言编写，是参考实现。

  PyPy：用称为 RPython 的一个 Python 语言子集编写。

  Jython：用 Java 编写。

  IronPython：用 C♯ 编写。

- 所有的实现都是编译器和解释器。编译器将 Python 程序转换成中间字节码，然后由解释器解释这个字节码。

Python 的使用

- Python 编程模式

  ——交互式模式：用于探索 Python 语法、寻求帮助和调试短程序。

  ——脚本模式：用于编写成熟的 Python 程序。

- 交互模式使用 IDLE（Python 集成开发和学习环境）。

- 使用 IDLE
  ——通过在 Windows 中输入 IDLE 来定位它并双击。
  ——Python shell 窗口将会被打开并显示 Python shell 提示符＞＞＞。
  ——在这个提示符下执行以下 Python 代码：

  ```
  > > > print('Keep calm and bubble on')
  ```

  ——IDLE 会在提示符＞＞＞后显示该消息。

- 以脚本模式执行 Python 程序
  ——在 NetBeans 或 Visual Studio Code 中创建一个新的 Python 项目"Test"。
  ——在 Test. py 中输入以下脚本：

  ```
  print('Those who can't laugh at themselves…')
  print('leave the job to others')
  ```

  ——按 F6 执行脚本。
  ——在执行时，它将打印这两行，然后你就可以在其中创建另一个项目和另一个脚本。

- 在 IDLE 环境下也可以执行脚本。点击 File/Net File 菜单并键入程序，然后通过 Run 菜单来执行它。

- Python 已经发展了多年。在编写本书时，3.7.3 版本已经普遍使用。

- 你可以通过以下语句确定你的机器上安装的版本：

  ```
  import sys
  print(sys.version)
  ```

标识符和关键字

- Python 是一种区分大小写的语言。

- Python 标识符是一个用来标识变量、函数、类、模块或其他对象的名称。

- 创建标识符的规则如下：
  ——以字母或下划线开头；

——后跟 0 个或多个字母、下划线和数字；

——关键字不能用作标识符。

- 所有关键字小写。

- Python 有 33 个关键字，如下所示：

False	None	True	and	as
assert	break	class	continue	def
del	eli	else	except	finally
for	from	global	if	import
in	is	lambda	nonlocal	not
or	pass	raise	return	try
while	with	yield		

注释、缩进和多行

- 注释以 # 开头

```
# 计算工资总额
gs=bs+da+hra+ca
```

或者

```
gs=bs+da+hra+ca#  计算工资总额
```

- 多行注释需要用成对的 ' ' '或者"""来标记。

```
'''Purpose: Calculate bonus to be paid
Team: ResourceManagement
Author: Sudeep, Date: 18 Jan 2020'''
```

- 缩进很关键！不要随意使用。下面的代码将会报错：

```
a=20
    b=45
```

- 如果语句很长，可以将它们写成多行，除了最后一行以外，其余每行要以\结尾。

```
total=physics+chemistry+maths+\
     english+Marathi+history+\
     geography+civics
```

- 如果语句包含［ ］、｛ ｝或者（ ），则不需要\。

```
days=['Monday','Tuesday','Wednesday',Thursday',
      'Friday','Saturday','Sunday']
```

- 不需要定义变量的类型。类型是从使用该变量的上下文推断出来的。

- 简单的变量赋值

```
a=10
pi=3.14
name='Sanjay'
```

- 多个变量赋值

```
a=10 ; pi=31.4 ; name='Sanjay'   # 使用分号作为语句分隔符
a, pi, name=10, 3.14, 'Sanjay'
a=b=c=d=5
```

Python 的类型

- Python 的内置类型

  基本类型——int（整型），float（浮点型），complex（复数型），bool（布尔型），string（字符串型），bytes（字节型）

  容器类型——list（列表），tuple（元组），dict（字典），set（集合）

  用户自定义——class（类）

- 数字：

```
int: 156, 0432, 0x4A3   # 十进制、八进制、十六进制
float: 314.1528, 3.141528e2, 3.141528E2
complex: 3 + 2j, 1 + 4J   # 包含实部和虚部
```

运算和转换

- 算术运算符：＋、－、＊、/、％、//、＊＊ 。

  ％——返回余数

  ＊＊ ——求幂

  //——返回去掉小数部分后的商

- 复合赋值运算符：＋＝、－＝、＊＝、／＝、％＝、＊＊＝、／／＝。

```
a **=3   # 等同于 a = a**3
b%=10   # 等同于 b=b%10
```

- 我们可以使用内置函数 **int()**、**float()**、**complex()** 和 **bool()** 将一种数字类型转换成另一种类型。

- 类型转换

```
int(float/numeric string) # 将浮点型/数字字符串型转换成整型
int(numeric string, base)# 将 base 中的数字字符串型转换成整型

float(int/numeric string) # 将整型/数字字符串型转换成浮点型
float(int) # 将整型转换成浮点型

complex(int / float) # 转换成虚数部分为 0 的复数
complex(int / float, int / float) # 转换成复数

bool(int/float)   # 将整型/浮点型转换成布尔型
str(int/float/bool)   # 将整型/浮点型/布尔型转换成字符串型
chr(int)   # 生成与 int 相对应的字符
```

内置函数

- Python 有许多可用于编程的内置函数，其中部分与数学运算有关。

- 内置的数学函数

```
abs(x) #x 的绝对值
pow(x, y) #x 的 y 次方
min(x1, x2,...) #取最小值
max(x1, x2,...) #取最大值
divmod(x, y) #返回一个包含商和余数的元组 (x//y, x% y)
bin(x)#转换成二进制
oct(x)#转换成八进制
hex(x) #转化成十六进制
round(x [,n]) #保留小数点后 n 位数字
```

库 函 数

- 为了执行复杂的数学运算，我们可以使用模块 **math**、**cmath**、**random**、**decimal** 中的

函数。

math:该模块包含许多有用的数学函数

cmath:该模块包含对复数进行运算的函数

random:该模块包含生成随机数的函数

decimal:该模块包含执行精确算术运算的函数

- **math** 模块中的数学函数：

```
pi, e          # 常量
sqrt(x)        # x 的平方根
factorial(x)   # x 的阶乘
fabs(x)        # 浮点数 x 的绝对值
log(x)         # x 的自然对数
log10(x)       # 以 10 为底 x 的对数
exp(x)         # e 的 x 次方
trunc(x)       # 截取整数部分
ceil(x)        # 大于等于 x 的最小整数
floor(x)       # 小于等于 x 的最大整数
modf(x)        # 分别返回 x 的整数部分和小数部分
```

- **round()** 函数可以四舍五入至指定的小数位数，而 **trunc()**、**ceil()** 和 **floor()** 始终保留 0 位小数。

- **math** 模块中的三角函数：

```
pi, e          # 数学常数
degrees(x)     # 弧度转换成角度
radians(x)     # 角度转换成弧度
sin(x)         # 正弦函数
cos(x)         # 余弦函数
tan(x)         # 正切函数
sinh(x)        # 双曲正弦函数
cosh(x)        # 双曲余弦函数
tanh(x)        # 双曲正切函数
acos(x)        # 反余弦函数
asin(x)        # 反正弦函数
atan(x)        # 反正切函数
hypot(x, y)    # 返回欧几里得范数 sqrt(x*x+y*y)
```

- **random** 模块中生成随机数的函数：

```
random( ) # 生成 0 到 1 之间的随机数
```

```
randint(start, stop)  # 生成指定范围内的随机数
seed(x) #  设置随机数生成逻辑中使用的种子
```

- print()函数用于向屏幕输出信息,有许多可能的变化,在下面的章节中会进一步讨论。

- 要使用模块中的函数,需要使用 import 语句导入模块。

问题 2.1

演示如何使用整型和相关运算符。

程序

```
# 整型的使用
print(3 / 4)
print(3 % 4)
print(3 // 4)
print(3 ** 4)

a=10 ; b=25 ; c=15 ; d=30 ; e=2 ; f=3 ; g=5
w=a+b-c
x=d**e
y= f%g
print(w, x, y)

h=99999999999999999
i=54321
print(h*i)
```

输出

```
0.75
3
0
81
20 900 3
5432099999999999945679
```

小提示

- 3 / 4 不输出 0。

- 一行中的多个语句应该用分号隔开

- **print(w, x, y)**输出用空格分隔的值。
- 整数没有精度限制。

问题 2.2

演示如何使用浮点型、复数和布尔型以及相关运算符。

```
# 浮点型的使用
i=3.5
j=1.2
print(i%j)

# 复数的使用
a=1+2j
b=3*(1+2j)
c=a*b
print(a)
print(b)
print(c)
print(a.real)
print(a.imag)
print(a.conjugate())

# 布尔型的使用
x=True
y=3>4
print(x)
print(y)
```

输出

```
1.1
(1+2j)
(3+6j)
(-9+12j)
1.0
2.0
(1-2j)
True
False
```

小提示

- ％对浮点型起作用。
- 从复数中可分离出实部和虚部。
- 在判断条件是否成立时用 **True** 或 **False** 来表示。

问题 2.3

演示如何将一种数字类型转换为另一种数字类型。

程序

```
# 转换为整型
print(int(3.14)) # 从浮点数转化成整数
a=int('485') # 从数字字符串转换为整数
b=int('768') # 从数字字符串转换为整数
c=a+b
print(c)
print(int('1011',2))#  从二进制数转换为十进制整数
print(int('341',8))#  从八进制数转换为十进制整数
print(int('21',16)) #  从十六进制数转换为十进制整数

# 转换为浮点型
print(float(35)) # 从整数转换为浮点数
i=float('4.85') # 从数字字符串转换为浮点数
j=float('7.68') # 从数字字符串转换为浮点数
k=i+j
print(k)

# 转换为复数
print(complex(35)) # 从整数转换为复数
x=complex(4.85, 1.1)# 从数字字符串转换为复数
y=complex(7.68, 2.1)# 从数字字符串转换为复数
z=x+y
print(z)

# 转换为布尔型
print(bool(35))
print(bool(1.2))
print(int(True))
print(int(False))
```

输出

```
3
1253
11
225
33
35.0
12.53
(35+0j)
(12.53+3.2j)
True
True
1
0
```

小提示

- 可以将二进制数字字符串、八进制数字字符串和十六进制数字字符串转换为相应的十进制整数。对于**浮点数**则不能执行相同的操作。
- 转换成复数时，如果只有一个实参，虚部被认为是 0。
- 任何非零数（整数或浮点数）都被视为 **True**，0 被视为 **False**。

问题 2.4

编写一个使用内置数学函数的程序。

程序

```
# 内置数学函数
print(abs(-25))
print(pow(2,4))
print(min(10, 20, 30, 40, 50))
print(max(10, 20, 30, 40, 50))
print(divmod(17, 3))
print(bin(64), oct(64), hex(64))
print(round(2.567), round(2.5678, 2))
```

输出

```
25
16
```

```
10
50
(5, 2)
0b1000000 0o100 0x40
3  2.57
```

小提示

- **divmod(a, b)** 返回的是 a//b（除法取整）与 a%b（除法取余）组成的元组 **(a//b, a%b)**。

- **bin( )**、**oct( )**、**hex( )** 返回相应的二进制数、八进制数、十六进制数。

- **round(x)** 设定舍入操作保留 0 位小数。

问题 2.5

编写一个使用 math 模块中的函数的程序。

程序

```
# math 模块中的数学函数
import math
x=1.5357
print ( math.pi, math.e)
print(math.sqrt(x))
print(math.factorial(6))
print(math.fabs(x))
print(math.log(x))
print(math.log10(x))
print(math.exp(x))
print(math.trunc(x))
print(math.floor(x))
print(math.ceil(x))
print(math.trunc(-x))
print(math.floor(-x))
print(math.ceil(-x))
print(math.modf(x))
```

输出

```
3.141592653589793 2.718281828459045
1.2392336341465238
720
1.5357
```

```
0.42898630314951025
0.1863063842699079
4.644575595215059
1
1
2
-1
-2
-1
(0.5357000000000001, 1.0)
```

小提示

- **floor()**向下舍入至负无穷,**ceil()**向上舍入至正无穷,**trunc()**向上或向下舍入至 0。

- 对于正数,**trunc( )** 与 **floor( )**类似。

- 对于负数,**trunc( )** 与 **ceil( )**类似。

问题 2.6

编写一个程序,生成浮点型和整型随机数。

程序

```
# 用 random 模块生成随机数
import random
random.seed(3)
print(random.random())
print(random.random())
print(random.randint(10, 100))
```

输出

```
0.23796462709189137
0.5442292252959519
57
```

小提示

- 导入 random 模块是必要的步骤。

- 即使在设定(seed)随机数生成逻辑之后,我们在程序的多次执行中也会得到相同的随机数集合。因此,这些数字是伪随机的,而不是真正的随机数。

[A] 回答下列问题:

(a) 编写一个程序来交换变量 **a** 和 **b** 的值。不允许使用第三个变量,且不能对 **a** 和 **b** 进行算术运算。

(b) 编写一个利用 math 模块中的三角函数的程序。

(c) 编写一个程序,生成 5 个范围在 10 到 50 之间的随机数,种子值设为 6。通过将种子值与执行时间相关联,以便在每次执行程序时改变这个种子值。

(d) 对数字−2.8、−0.5、0.2、1.5 和 2.9 使用 **trunc( )**、**floor( )**和 **ceil( )**,以清晰理解这些函数之间的区别。

(e) 假设 Ramesh 的基本工资是某一个合适的值。他的物价补贴是基本工资的 40%,房租补贴是基本工资的 20%。编写一个程序来计算他的工资总额。

(f) 假设两个城市之间的距离是某一个合适的值(以公里为单位)。编写一个程序来将这个距离转换成单位分别为米、英尺、英寸和厘米的值并打印出来。

(g) 假设一个城市的温度是某一个合适的华氏温度值。编写一个程序来将这个温度值转换成摄氏温度值并打印这两个温度值。

[B] 你将如何执行以下操作:

(a) 打印 2 + 3j 的虚部。

(b) 获取 4 + 2j 的共轭复数。

(c) 将二进制数 1100001110 转换为十进制整数。

(d) 将浮点值 4.33 转换为数字字符串。

(e) 求 29 除以 5 的整数商和余数

(f) 将十进制数 34567 转换为十六进制数。

(g) 舍入 45.6782 至小数点后第二位。

(h) 从 3.556 中得出 4。

(i) 从 16.7844 中得出 17。

(j) 获得 3.45 除以 1.22 的余数。

[C] 下面哪<u>些</u>变量名是无效的，为什么？

BASICSALARY	_basic	basic—hra	＃MEAN
group.	422	pop in 2020	over
timemindovermatter	SINGLE	hELLO	queue.
team's victory	Plot ＃ 3	2015_DDay	

[D] 配对下列内容：

IDLE	\
转义特殊字符	Python 交互模式
Python 脚本扩展	Python shell 提示符
快速测试一个 Python 特性	脚本
复数	容器类型
保存程序	py
元组	基本类型
自然对数	log( )
常用对数	log10( )

3

字符串

什么是字符串？

- Python 字符串是 Unicode 字符的集合。

- Python 字符串可以用单引号、双引号和三引号括起来。

```
'BlindSpot'
"BlindSpot"
'''BlindSpot'''
"""Blindspot"""
```

- 使用"\"转义特殊字符，如单引号和双引号。

```
'I don\'t like this'
'He said, \'Let Us Python\'.'
```

- 使用多行字符串的 3 种方式
  ——除了最后一行，其余各行都以"\"结尾
  ——用引号括入，如"""some msg """ 或者 '''some msg'''
  ——写成如下格式：

```
( 'one msg'
  'another msg' )
```

- 如果字符串中有"'""""或"\"这样的字符,可以通过以下两种方式保留它们:

——在它们前面加"\"来将它们转义。

——在字符串前加上"r",表示它是一个原始字符串

```
msg='He said, \'Let Us Python.\''
msg=r'He said, 'Let Us Python.''
```

访问字符串元素

- 可以使用索引值(从 0 开始)访问字符串元素。

```
msg='Hello'
a=msg[ 0 ] # 得到 H
b=msg[ 4 ] #  得到 o
c=msg[-0 ] # 得到 H, -0 等同于 0
d=msg[-1 ] # 得到 o
e=msg[-2] # 得到 l
f=msg[-5 ] # 得到 H
```

- 可以从字符串中切分出子字符串。

s[start : end]——提取从起始位置到结束位置前 1 位的字符

s[start :]——提取从起始位置到结束位置的字符

s [: end]——提取从起始位置到结束位置前 1 位的字符

s [-start :]——提取从倒数位数(包含自身)到结束位置的字符

s [:-end]——提取从起始位置到倒数位数前 1 位的字符

- 使用太大的索引会报错,但是在切片时使用太大的索引会得到很好的处理。

字符串属性

- 字符串是内置类型 **str** 的对象。

```
msg='Surreal'
print ( type ( msg ) ) yields < class 'str'>
```

- Python 字符串是常量——它们不能改变。

```
s='Hello'
s[0]='M'  # 报错, 试图改变字符串
s='Bye'   # s 是一个变量,可以改变
```

- 字符串可以使用"＋"连接。

    msg3=msg1+msg2

- 字符串可以在打印期间复制。

    print ('-', 50) # 打印 50 个-（译者注:Python 3 中可尝试用 print ('-' *50)）

字符串操作

可用的字符串函数非常多。字符串函数在使用时需要使用 str.function()语法。

内容测试函数

isalpha()——检查字符串中的所有字符是否都是字母

isdigit()——检查字符串中的所有字符是否都是数字

isalnum()——检查字符串中的所有字符是否是字母或数字

islower()——检查字符串中的所有字符是否都是小写字母

isupper()——检查字符串中的所有字符是否都是大写字母

startswith()——检查字符串是否以某一个值开头

endswith()——检查字符串是否以某一个值结尾

转换函数

upper()——将字符串转换为大写的

lower()——将字符串转换为小写的

capitalize()——将字符串转换为首字母大写的

swapcase()——交换字符串中的大小写

搜索和替换函数

find()——搜索字符串中的某个值并返回其位置

replace()——将一个值替换成另一个值

lstrip()——从左边开始裁剪括号中的指定字符

rstrip()——从右边开始裁剪括号中的指定字符

split()——在指定的分隔符处拆分字符串

- **str()**函数的作用是为其数值参数返回一个数值字符串。

```
age=25
print ( 'She is'+str ( age ) + 'years old' )
```

- **chr ()** 返回一个表示其 Unicode 值的字符串(称为代码点)。

  ord () 执行相反的操作。

```
ord ('A') # 得到 65
chr (65) # 得到 A
```

P</> Programs

问题 3.1

演示如何创建简单的多行字符串以及字符串创建后是否可以更改。

程序

```
# 简单的多行字符串
msg1='Hoopla'
print ( msg1 )

# 转义序列
msg2='He said, \'Let Us Python\'.'
print (msg2)

file1='C:\\temp\\newfile'
print ( file1 )

# 原始字符串——前置 r
file2=r'C:\temp\newfile'
print ( file2 )

# 多行字符串
# 第二行开头的空格成为字符串的一部分

msg3='What is this life if full of care...\
    We have no time to stand and stare'

# 第一行的结尾成为字符串的一部分
msg4="""What is this life if full of care...
We have no time to stand and stare"""

# ()可以使字符串正确串联起来
msg5=('What is this life if full of care...'
    'We have no time to stand and stare')
```

```
print ( msg3 )
print ( msg4 )
print ( msg5 )

# 打印期间的字符串复制
msg6='MacLearn!! '
print ( msg1 * 3 )

# 不变的字符串
# Utopia 不会变,但是 msg7 可以改变
msg7='Utopia'
msg8='Today!!! '
msg7=msg7+msg8 # 使用+连接
print ( msg7 )

# 内置字符串函数
print ( len ( msg7 ) )
```

输出

```
Hoopla
He said, 'Let Us Python'.
C:\temp\newfile
C:\temp\newfile
What is this life if full of care...          We have no time to stand and stare
What is this life if full of care...
We have no time to stand and stare
What is this life if full of care...We have no time to stand and stare
HooplaHooplaHoopla
UtopiaToday!!!
14
```

小提示

• 特殊字符可以通过转义或者标记为原始字符来保留原始含义。

• 字符串不能更改,但是存储它们的变量可以更改。

• **len( )**是一个内置函数,它返回字符串中出现的字符的数量。

问题 3.2

对于给定的字符串'Bamboozled',编写程序获得如下输出:

```
Ba
Ba
ed
ed
mboozled
mboozled
mboozled
Bamboo
Bamboo
Bamboo
Bamboo
Bamboozled
Bmoze
Bbzd
Boe
BamboozledHype!
BambooMonger!
```

使用多种方法来获得上述输出。

程序

```
s='Bamboozled'

# 提取 B a
print ( s[0], s[1] )
print ( s[-10], s[-9] )

# 提取 e d
print ( s[8], s[9] )
print ( s[-2], s[-1] )

# 提取 mboozled
print ( s[2:10])
print ( s[2:] )
print ( s[-8:] )

# 提取 Bamboo
print ( s[0:6] )
print ( s[:6] )
print ( s[-10:-4] )
print ( s[:-4] )

print ( s[0:10:1] )
print ( s[0:10:2] )
```

```
print ( s[0:10:3] )
print ( s[0:10:4] )

s=s+'Hype! '
print ( s )
s=s[:6]+'Monger'+s[-1]
print ( s )
```

小提示

- 特殊字符可以通过转义或者标记为原始字符来保留原始含义。

- s[4:8]等同于 s[4:8:1]，1 是默认值。

- s[4:8:2]在切片范围内返回第一个字符,然后返回向前 2 个位置的字符,依次类推,直到最后。

问题 3.3

对于下面的字符串,找出哪些只有字母,哪些只有数字,哪些有字母和数字,哪些是全小写的,哪些是全大写的。同时找出 'And Quiet Flows The Don'是否以 'And'开头或者以 'And'结尾:

```
'NitiAayog'
'And Quiet Flows The Don'
'1234567890'
'Make $ 1000 a day'
```

程序

```
s1='NitiAayog'
s2='And Quiet Flows The Don'
s3='1234567890'
s4='Make $ 1000 a day'

print ('s1=', s1 )
print ('s2=', s2 )
print ('s3=', s3 )
print ('s4=', s4 )

# 内容测试函数
print ('check isalpha on s1, s2' )
```

```
print (s1.isalpha ( ) )
print (s2.isalpha ( ) )

print ('check isdigit on s3, s4' )
print (s3.isdigit ( ) )
print (s4.isdigit ( ) )

print ('check isalnum on s1, s2, s3, s4' )
print (s1.isalnum ( ) )
print (s2.isalnum ( ) )
print (s3.isalnum ( ) )
print (s4.isalnum ( ) )

print ('check islower on s1, s2' )
print (s1.islower ( ) )
print (s2.islower ( ) )

print ('check isupper on s1, s2' )
print (s1.isupper ( ) )
print (s2.isupper ( ) )

print ('check startswith and endswith on s2' )
print (s2.startswith ( 'And' ) )
print (s2.endswith ( 'And' ) )
```

输出

```
s1=NitiAayog
s2=And Quiet Flows The Don
s3=1234567890
s4=Make $ 1000 a day
check isalpha on s1, s2
True
False
check isdigit on s3, s4
True
False
check isalnum on s1, s2, s3, s4
True
False
True
False
check islower on s1, s2
False
```

```
False
check isupper on s1, s2
False
False
check startswith and endswith on s2
True
False
```

问题 3.4

给定以下字符串：

```
'Bring It On'
'Flanked by spaces on either side'
'C:\\Users\\Kanetkar\\Documents'
```

编写一个程序，使用适当的字符串函数生成以下输出：

```
BRING IT ON
bring it on
Bring it on
bRING iT oN
6
9
Bring Him On
Flanked by spaces on either side
   Flanked by spaces on either side
['C:', 'Users', 'Kanetkar', 'Documents']
```

程序

```python
s1='Bring It On'

# 转换
print (s1.upper())
print (s1.lower())
print (s1.capitalize())
print (s1.swapcase())

# 搜索和替换
print (s1.find ('I'))
print (s1.find ('On'))
print (s1.replace ('It', 'Him'))
```

```
# 裁剪
s2='Flanked by spaces on either side'
print (s2.lstrip( ) )
print (s2.rstrip( ) )

# 拆分
s3='C:\\Users\\Kanetkar\\Documents'
print (s3.split ( '\\' ) )
```

 Exercise

[A] 回答下列问题：

(a) 编写一个可以从字符串'Shenanigan'生成如下输出的程序：

```
Sh
an
enanigan
Shenan
Shenan
Shenan
Shenan
Shenanigan
Seaia
Snin
Saa
ShenaniganType
ShenanWabbite
```

(b) 编写一个程序，将字符串 'an inferior lawyer with dubious practices' 转换成'An Inferior Lawyer With Dubious Practices'。

(c) 编写一个程序，将字符串'Light travels faster than sound. This is why some people appear bright until you hear them speak.' 转换成 'LIGHT travels faster than SOUND. This is why some people appear bright until you hear them speak.'。

(d) 下面的程序将会输出什么？

```
s='HumptyDumpty'
print ('s=', s )
print (s.isalpha( ) )
```

```
print (s.isdigit ( ) )
print (s.isalnum ( ) )
print (s.islower ( ) )
print (s.isupper ( ) )
print (s.startswith ('Hump' ) )
print (s.endswith ('Dump' ) )
```

（e）原始字符串的用途是什么？

（f）**ord ( )** 和 **chr ( )** 的不同之处是什么？

（g）每个字符串都是一个称为 **str** 的内置类型的对象。

（h）如果处理下列字符串中的某个单词，你将如何把它分离出来：

```
'The difference between stupidity and genius is that genius has
its limits'
```

4

控制流指令

KanNotes

- 程序流可以使用下面两种方法来控制：

  （a）决策控制指令
  （b）循环控制指令

决策控制指令

- 程序中作出决策的三种方法：

```
if condition :
    statement1
    statement2
```

```
if condition :
    statement1
    statement2
else :
    statement3
    statement4
```

```
if condition1 :
    statement1
    statement2
elif condition2 :
    statement3
elif condition3 :
    statement4
else :
    statement5
```

- 注意：在 **if,else,elif** 后面的":"是必需的。

- 注意 **if** 语句块、**else** 语句块、**elif** 语句块中的语句缩进。

- 使用关系运算符＜、＞、＜＝、＞＝、＝＝、！＝来构建条件。

- 一个 **if-else** 语句可以嵌套在另一个 **if-else** 语句中。

- **a=b** 是赋值，**a==b** 比较.

- 在 **if (a==b==c)** 中，将 **a==b** 的结果与 **c** 进行比较。

- 如果条件为真，则用 1 代替；如果条件为假，则用 0 代替。

- 任何非零数都为真，0 为假。

逻辑运算符

- 更复杂的决策可以使用逻辑运算符 **and**、**or** 和 **not** 来完成。

- 多个条件可以用 **and** 和 **or** 组合。

  ——条件 1 and 条件 2——条件 1 和条件 2 同时为真返回真，否则返回假
  ——条件 1 or 条件 2——条件 1 和条件 2 有 1 个为真返回真，否则返回假

- 条件的结果可以用 **not** 来返回相反的结果。

- **not (a<=b)** 等同于 **(a>b)**，**not (a>=b)** 等同于 **(a<b)**

- **a=not b** 不会改变 **b** 的值.

- **a=not a** 意味着当 **a=0** 时返回 **1**，当 **a=1** 时返回 **0**

- 一元运算符——只需要一个操作数，例如 **not**。

- 二元运算符——需要两个操作数，例如＋、－、＊、/、％、＜、＞等。

条件表达式

- Python 支持一个额外的决策对象，称为条件表达式（也称为条件运算符或三元运算符）。
  <表达式 1> if <关系表达式> else < 表达式 2>

  <关系表达式> 首先被评估。如果它的结果为真，则表达式的计算结果为<表达式 1>；
  如果它的结果为假，则表达式的计算结果为<表达式 2>。

- 条件表达式示例:

```
age=15
status='minor' if age<18 else 'adult'  # 结果显示 minor
sunny=False
print('Let's go to the','beach' if sunny else 'room')
humidity=76.8
setting=25 if humidity>75 else 28  # 结果显示 25
```

循环控制指令

- 有两种类型的循环控制指令:

  (a) while

  (b) for

- **while** 用于在表达式为真时重复执行指令。它有两种形式:

```
while condition :              while condition :
    statement1                     statement1
    statement2                     statement2
                               else :
                                   statement3
                                   statement4
```

  当 **condition** 不成立时,执行 **else** 语句块。

- **for** 用于迭代序列的元素,如字符串、元组或列表。它有两种形式:

```
for var in list :              for var in list :
    statement1                     statement1
    statement2                     statement2
                               else :
                                   statement3
                               statement4
```

  在每一次迭代后,**var**(变量)将被赋予列表中的下一个值。当 **list** 中的值穷尽时,将执行 **else** 语句块中的语句。

- 列表是一个序列类型。它可以包含具有相似项的列表。

```
for animal in ['Cat','Dog','Tiger','Lion','Leopard'] :
    print( animal+''+str(len(animal))) #打印 animal 和其字符串长度
```

- for 循环可使用内置的 **range()** 函数生成一个数字列表。

  range(10)——生成从 0 到 9 的数字

  range(10,20)——生成从 10 到 19 的数字

  range(10,20,2)——以步长 2 生成从 10 到 19 的数字

  range(20,10,-3)——以步长-3 生成从 20 到 9 的数字

break 和 continue 语句

- **break** 和 **continue** 语句可以与 **while** 和 **for** 一起使用。

- **break** 语句在不执行 **else** 语句块的情况下终止循环。

- **continue** 语句跳过语句块中的其余语句,继续执行循环的下一次迭代。

pass 语句

- **pass** 语句在执行时不做任何操作。因此,它通常被称为无操作指令。

- 它通常用作 if 语句、循环、函数或类中未执行代码的占位符,但这不是 **pass** 的恰当用法,你应该使用"…"来替代。如果你使用 **pass**,会让人以为你实际上不想在 if/loop/function/class 中做任何操作。

p</> Programs

问题 4.1

在购买某些商品时,如果购买的数量超过 1 000 件,可以享受 10%的折扣。如果每件商品的数量和价格是通过键盘输入的,编写一个程序来计算总费用。

程序

```
qty=int(input('Enter value of quantity:'))
price=float(input('Enter value of price:'))
if qty>1000 :
    dis=10
else :
    dis=0
totexp=qty*price-qty*price*dis/100
```

```
print('Total expenses=Rs.'+str(totexp))
```

输出

```
Enter value of quantity: 1200
Enter value of price: 15.50
Total expenses=Rs. 16740.0
```

小提示

- **input()**返回一个字符串,因此有必要将它转换成 int 或 float 类型的。

- 如果我们不进行转换,**qty>1000** 将抛出一个错误,因为字符串不能与 int 类型的数据进行比较。

- 在使用+进行连接之前应使用 **str( )** 将 **totexp** 转变成字符串。

问题 4.2

在一家公司里,员工的工资是这样的:

如果他的基本工资高于 1 000 卢比,那么 HRA＝基本工资的 15％,DA＝基本工资的 95％,CA＝基本工资的 10％。如果他的基本工资不高于 1 000 卢比,则 HRA＝基本工资的 10％,DA＝基本工资的 90％,CA＝基本工资的 5％。

如果员工的工资是通过键盘输入的,编写一个程序计算出他的总工资。

程序

```
bs=int(input('Enter value of bs:'))
if bs>1000 :
    hra=bs *15/100
    da=bs *95/100
    ca=bs *10/100
else:
    hra=bs *10/100
    da=bs *90/100
    ca=bs *5/100
gs=bs+da+hra+ca
print('Gross Salary=Rs.'+str(gs))
```

小提示

if 语句块和 else 语句块可以包含多条语句,需要适当地缩进。

问题 4.3

学生得到的分数(per)是通过键盘输入的,学生按照以下规则划分:

大于等于 60 分——第一档(First Division)

50 分到 59 分——第二档(Second Division)

40 分到 49 分——第三档(Third Division)

小于 40 分——不及格(Fail)

编写一个程序来计算学生所在档次。

程序

```
per=int(input('Enter value of percentage:'))
if per>=60 :
    print('First Division')
elif per>=50 :
    print('Second Division')
elif per>=40 :
    print('Third Division')
else :
    print('Fail')
```

输出

```
Enter value of percentage: 55
Second Division
```

问题 4.4

公司在下列情况下为其司机投保:

• 已婚

• 未婚,30 岁以上的男性

• 未婚,25 岁以上的女性

在其他情况下,不为司机投保。如果输入是司机的婚姻状况、性别和年龄,编写一个程序来确定是否应该为司机投保。

程序

```
ms=input('Enter marital status:')
s=input('Enter sex:')
age=int(input('Enter age:'))
if (ms=='m') or (ms=='u' and s=='m' and age>30 ) \
    or (ms=='u' and s=='f' and age>25 ) :
    print('Insured')
else :
    print('Not Insured')
```

输出

```
Enter marital status: u

Enter sex:m
Enter age: 23
Not Insured
```

问题 4.5

编写一个程序,接收 3 组 p、n 和 r 的值,并为每组值计算单利。

程序

```
i=1
while i<=3 :
    p=float(input('Enter value of p:'))
    n=int(input('Enter value of n:'))
    r=float(input('Enter value of r:'))
    si=p*n*r/100
    print('Simple interest= Rs.'+str (si))
    i=i+1
```

输出

```
Enter value of p:1000
Enter value of n:3
Enter value of r:15.5
Simple interest=Rs.465.0
```

```
Enter value of p:2000
Enter value of n:5
Enter value of r:16.5
Simple interest=Rs.1650.0
Enter value of p:3000
Enter value of n:2
Enter value of r:10.45
Simple interest=Rs.626.9999999999999
```

问题 4.6

编写一个程序,使用无限循环打印从 1 到 10 的数字。所有的数字都打印在同一行。

程序

```
i=1
while 1 :
    print(i, end=' ')
    i+=1
    if i>10 :
        break
```

输出

```
1 2 3 4 5 6 7 8 9 10
```

小提示

- **while 1** 创建了一个无限循环,因为 1 是非零的,所以一直为真。

- 将 **while 1** 中的"1"替换为任何非零的数字将创建一个无限循环。

- **print()** 中的 **end=' '** 在每次迭代中在打印 **i** 之后打印一个空格。**end** 的默认值是换行符。

问题 4.7

编写一个程序,打印 1、2、3 的所有唯一组合。

程序

```
i=1
while i<=3 :
    j=1
    while j<=3 :
```

```
        k=1
        while k<=3 :
            if i==j or j==k or k==i :
                k+=1
                continue
            else :
                print(i, j, k)
            k+=1
        j+=1
    i+=1
```

输出

```
1 2 3
1 3 2
2 1 3
2 3 1
3 1 2
3 2 1
```

问题 4.8

编写一个程序,获取一个二进制数字字符串的十进制值。例如,'1111'的十进制值为 15。

程序

```
b='1111'
i=0
while b :
    i=i*2+(ord(b[0])-ord('0'))
    b=b[1:]
print('Decimal value='+str(i))
```

输出

```
Decimal value=15
```

小提示

• **ord(1)**是 49, 而 **ord('0')** 是 0。

• **b=b[1:]**剔除 **b** 中的第一个字符。

问题 4.9

编写一个程序,接收一个整数并判断它是否是素数。

程序

```
num=int(input('Enter value of num:'))
i=2
 while i<=num-1 :
    if num %i==0 :
        print('Not a prime number')
        break
    i+=1
else :
    print('Prime number')
```

输出

```
Enter value of num: 15
Not a prime number
```

小提示

• 注意 **else** 的缩进。它作用于 **while** 而不是 **if**。

问题 4.10

编写一个程序,使用 **for** 循环生成如下输出:

A,B,C,D,E,F,G,H,I,J,K,L,M,N,O,P,Q,R,S,T,U,V,W,X,Y,Z,

z,y,x,w,v,u,t,s,r,q,p,o,n,m,l,k,j,i,h,g,f,e,d,c,b,a,

程序

```
for alpha in range(65,91) :
    print(chr(alpha), end=',')
print()
for alpha in range(122,96, -1) :
    print(chr(alpha), end=',')
```

小提示

• 字母 A～Z 的 Unicode 值为 65～90,字母 a～z 的 Unicode 值为 97～122。

- **print** 语句的每个输出都以逗号结尾。

- 空的 **print()** 语句将光标定位在下一行的开头。

- 注意 **else** 的缩进。它作用于 **while** 而不是 **if**。

问题 4.11

假设有 4 个标记变量 **w**、**x**、**y**、**z**。编写一个程序来以多种方式检查其中一个是否为真。

程序

```
# 以不同的方法检测多个变量
w, x, y, z=0, 1, 0, 1

if w==1 or x==1 or y==1 or z==1 :
  print('True')

if w or x or y or z :
  print('True')

if any((w, x, y, z)):
  print('True')

if 1 in (w, x, y, z) :
  print('True')
```

输出

```
True
True
True
True
```

小提示

- **any()** 是一个内置函数,当它的参数中有一个为真时返回 True。

- 我们可以将字符串、列表、元组、集合或字典传递给 **any()**,而不只是变量。

- 还有另一个类似的函数 **all()**,如果其所有参数都为真,则返回 True。这个函数也可以与字符串、列表、元组、集合和字典一起使用。

问题 4.12

给定一个数字 n,我们希望做如下处理:

如果 n 是正数——打印 n * n,标记为 true

如果 n 是负数——打印 n * n * n,标记为 true

如果 n 是 0——什么也不做

下面的代码符合上面的逻辑吗?

```
n=int(input('Enter a number: '))
if n>0 :
    flag=true
    print(n*n)
elif n<0 :
    flag=true
    print(n*n*n)
```

小提示

• 这是误导性代码。以后,任何查看此代码的人都可能认为 **flag=True** 应该写在 **if** 外部。

• 更好的代码如下:

```
n=int(input('Enter a number:'))
if n>0 :
    flag=True
    print(n*n)
elif n<0 :
    flag=True
    print(n*n*n)
else :
    pass
```

e✕ Exercise

[A] 回答下列问题:

(a) 编写条件表达式:

——如果 a<10 那么 b=20,否则 b=30

——当 time<12 时打印 'Morning',其他情况打印 'Afternoon'

（b）将下列代码片段重写为 1 行：

```
x=3
y=3.0
if x==y :
    print('x and y are equal')
else :
    print('x and y are not equal')
```

[B] 下列程序的输出是什么？

（a）
```
i, j, k=4, -1, 0
w=i or j or k
x=i and j and k
y=i or j and k
z=i and j or k
print(w, x, y, z)
```

（b）
```
a=10
a=not not a
print(a)
```

（c）
```
x, y, z=20, 40, 45
if x>y and x>z :
    print('biggest='+str(x))
elif ( y>x and y>z )
    print('biggest='+str(y))
elif ( z>x and z>y )
    print('biggest='+str(z))
```

（d）
```
num=30
k=100 if num <=10 else 500
print(k)
```

[C] 指出下列程序中的错误（如果有的话）：

（a）
```
a=12.25
b=12.52
if a=b :
    print('a and b are equal')
```

（b）
```
if ord('X')<ord('x')
    print('Unicode value of X is smaller than that of x')
```

（c）
```
x=10
if x>=2 then
    print('x')
```

（d）
```
x=10 ; y=15
if x%2=y%3
    print('Carpathians\n')
```

（e）
```
x, y=30, 40
if x==y :
    print('x is equal to y')
elseif x>y :
    print('x is greater than y')
elseif x<y :
    print('x is less than y')
```

[D] 如果 a＝10，b＝12，c＝0,求下列表达式的值：

```
a!=6 and b>5
a==9 or b<3
not ( a<10 )
not ( a>5 and c )
5 and c!=8 or!c
```

[E] 做下列尝试：

（a）编写一个程序来计算字符串 'Nagpur- 440010' 中字母和数字的个数。

（b）通过键盘输入任意一个整数,编写一个程序来判断这个数字是奇数还是偶数

（c）通过键盘输入任意一个年份,编写一个程序来判断这一年是否是闰年。

（d）通过键盘输入任意一个五位数字,编写一个程序来获得逆序数并且判断原始数字和逆序数是否相等。

（e）假设 Ram、Shyam 和 Ajay 的年龄是通过键盘输入的,编写一个程序来确定这三个人中最年轻的。

（f）通过键盘输入三角形的三个角的度数,编写一个程序来检查这个三角形是否有效。如果三个角之和等于 180 度,三角形即为有效。

（g）编写一个程序来获得通过键盘输入的数字的绝对值。

(h) 给定一个矩形的长度和宽度,编写一个程序来判断矩形的面积是否大于其周长。例如,长为 5,宽为 4 的矩形的面积大于其周长。

(i) 给定三个点 **(x1, y1)**,**(x2, y2)** 和 **(x3, y3)**,编写一个程序来检查这三个点是否落在一条直线上。

(j) 给定圆心的坐标 **(x, y)** 和半径,编写一个程序来确定一个点是在圆内、圆上还是圆外。(提示:使用 **sqrt()** 和 **pow()** 函数)

(k) 给定一个点 **(x, y)**,编写一个程序来找出它是在 x 轴上,y 轴上还是在原点上。

(l) 通过键盘输入年份,编写一个程序来确定这一年是否为闰年。使用逻辑运算符 **and** 和 **or**。

(m) 通过键盘输入三角形的三条边长,编写一个程序来检查三角形是否有效。如果两条边的和大于三条边中最长的一条边,这个三角形就是有效的。

(n) 通过键盘输入三角形的三条边长,编写一个程序来检查三角形是等腰三角形、等边三角形、不等边三角形还是直角三角形。

(o) 编写一个程序来计算 10 名员工的加班工资。加班工资是对于超过 40 小时的部分按照加班时间计算,每小时 12.00 卢比。假设员工的工作时间是整小时。

(p) 编写一个程序来获得通过键盘输入的任何数字的阶乘值。

(q) 编写一个程序,打印出在 1 到 500 之间的所有阿姆斯特朗数字。如果数字中的每一位数字的立方数的和等于数字本身,那么这个数字就称为阿姆斯特朗数。例如,153＝(1 * 1 * 1)＋(5 * 5 * 5)＋(3 * 3 * 3)。

(r) 编写一个程序,打印出从 1 到 300 的所有质数。

(s) 编写一个程序,打印出用户输入的数字的乘法表。该表以如下形式显示:

```
29 *1=29
29 *2=58
...
```

(t) 利息是每年以 **r**%的年利率复利 **q** 次,连续 **n** 年,本金 **p** 的复利为 **a**,如以下公式所

示:

$$a= p(1+ r/q)^{nq}$$

编写一个程序,输入 10 组 **p**,**r**,**n** 和 **q**,并计算出对应的 **a** 值。

(u) 编写一个程序,在所有边长小于等于 30 的三角形中找到所有的 Pythagorean Triplets(毕达哥拉斯三元数组)。

(v) 假设今年一个城镇的人口是 10 万。在过去的 10 年里,人口以每年 10% 的速度稳步增长。编写一个程序来确定过去 10 年里每年年底的人口数量。

(w) Ramanujan(拉马努金)数是可以用两种不同方式表示为两个立方和的最小的数。编写一个程序,在一个合理的限度内打印所有这类数字。

(x) 编写一个程序,打印一天 24 小时并加上适当的后缀,如 AM,PM,Noon 和 Midnight。

5

控制台输入/输出

控制台输入/输出是指键盘输入和屏幕输出。

控制台输入

- 可以使用 **input()** 函数接收控制台输入。

- **input()** 函数的一般形式是

  s=input (prompt)

  prompt 是显示在屏幕上的一个字符串,它请求一个值。**input()** 返回一个字符串。

- 如果输入 123,则会返回'123'。

- **input()** 可用于接收 1 个或多个值

  ```
  # 接收全名
  name=input('Enter full name') ;

  # 把名字、中间名和姓氏分开
  mname, sname=input('Enter full name: ').split()
  ```

- **split()** 函数返回一个可以使用 **for** 循环遍历的列表。我们可以使用这个特性来接收多个值。

```
n1, n2, n3=[int(n) for n in input('Enter three values: ').split()]
print(n1+10, n2+20, n3+30)
```

- **input( )**可用于接收任意数量的值。

```
numbers=[int(x) for x in input('Enter values: ').split()]
for n in numbers :
    print(n+10)
```

- **input( )**可用于一次接收不同类型的值。

```
data=input('Enter name, age, salary:').split(',')
name=data[0]
age=int(data[1])
salary=float(data[2])
```

控制台输出

- **print( )**函数用于将输出发送到屏幕。

- **print( )**函数具有以下形式：

```
print(objects, sep=' ', end='\n', file=sys.stdout, flush=false)
```

这意味着，在默认情况下，对象将被打印到屏幕上(sys.stdout)，用空格分隔(sep=' ')，最后打印的对象后面将跟一个换行符(end='\n')。**flush=false** 表示输出不会被刷新。

Python 具有调用函数并将基于关键字的值作为参数传递的功能。因此，在调用 **print( )**时，我们可以为 **sep** 和 **end** 传递特定的值。在这种情况下，将不使用默认值，而是使用我们传递的值。

```
print(a, b, c, sep=',', end='!') # 在每个值后面打印','且以'!'结尾
print(x, y, z, sep='...', end='#') # 在每个值后面打印'...'且以'#'结尾
```

格式化打印

- 有 4 种方法可以控制输出的格式：

（a）使用格式化的字符串文字——最简单的方法

（b）使用 format（ ）方法—— 老版本方法

（c）使用 C 语言的 printf（ ）方法——继承的方法

（d）使用切片和连接操作——较为困难的方法

现在（a）是常用的方法，其次是（b）。

- 使用格式化字符串（通常称为 fstring）文字：

```
r, l, b=1.5678, 10.5, 12.66
print(f'radius={r}')
print(f'length={l} breadth={b}')

name='Sushant Ajay Raje'
for n in name.split( ) :
    print(f'{n:10}')   # 打印 10 列
```

- 使用 **format( )** 方法：

```
r, l, b=1.5678, 10.5, 12.66
print('radius={0} length={1} breadth={2}'.format(r, l, b))
name, age, salary='Rakshita', 30, 53000.55
print('name={0} age={1} salary={2}'.format(name, age, salary))
print('age={1} salary={2} name={0}'.format(name, age, salary))
print('name={0:15} salary={1:10}'.format(name, salary))
```

𝐩</> *Programs*

问题 5.1

编写一个程序，调用 **input()** 函数来一次接收一个圆的半径以及一个矩形的长度和宽度。计算并打印圆的周长和矩形的周长。

程序

```
r, l, b=input('Enter radius, length and breadth:').split( )
radius=int(r)
length=int(l)
breadth=int(b)
circumference=2 *3.14 *radius
perimeter=2 *( length+breadth )
print(circumference)
print(perimeter)
```

输出

```
Enter radius, length and breadth: 3 4 5
18.84
18
```

小提示

- **input()** 返回一个字符串,因此需要将它转换成 int 或 float 等适合的类型。

问题 5.2

编写一个程序,调用 **input()** 函数来一次接收三个整数。这三个整数表示一个范围的起始值、结束值和步长值。程序应使用这些值来打印数字、它的平方和它的立方,所有的数字右对齐。尝试用多种方法来编写。

程序

```
start, end, step=input('Enter start, end, step values:').split()

# 方法一
for n in range(int(start), int(end), int(step)):
    print(f'{n:>5}{n**2:>7}{n**3:>8}')
print()

# 方法二
for n in range(int(start), int(end), int(step)):
    print('{0:<5}{1:<7}{2:<8}'.format(n, n**2, n**3))
```

输出

```
Enter start, end, step values: 1 10 2
1     1      1
3     9     27
5    25    125
7    49    343
9    81    729

1    1      1
3    9     27
5    25    125
7    49    343
9    81    729
```

小提示

- **{n:>5}**将在 5 列内打印 n 个右对齐的内容。使用< 来左对齐。

- {0:<5}将在 5 列内左对齐列表中的第 0 个参数。使用> 来右对齐。

问题 5.3

编写一个程序来维护 4 个人的姓名和手机号码,并以表格的形式系统地打印出来。

程序

```
contacts={
                'Dilip' : 9823077892, 'Shekhar' : 6784512345,
                'Vivek' : 9823011245, 'Riddhi' : 9766556779
        }
for name, cellno in contacts.items() :
    print(f'{name:15} : {cellno:10d}')
```

输出

```
Dilip:         9823077892
Shekhar:       6784512345
Vivek:         9823011245
Riddhi:        9766556779
```

问题 5.4

假设程序中有 5 个变量——**max**、**min**、**mean**、**sd** 和 **var**,且已经被赋予合适的值。编写一个程序来打印这些变量,使用多个 fstring 正确地对齐变量,但只调用一次 print()。

程序

```
min, max=25, 75
mean=35
sd=0.56
var=0.9
print(
        f'\n{'Max Value:':<15}{max:>10}',
        f'\n{'Min Value:':<15}{min:>10}',
        f'\n{'Mean:':<15}{mean:>10}',
```

```
f'\n{'Std Dev:':<15}{sd:>10}',
f'\n{'Variance:':<15}{var:>10}' )
```

输出

```
Max Value:       75
Min Value:       25
Mean:            35
Std Deviation:   0.56
Variance:        0.9
```

程序 5.5

编写一个程序,打印从 1 到 10 的平方根和立方根,保留小数点后 4 位。确保输出以单独的
行显示,数字居中对齐,平方根和立方根右对齐。

程序

```
import math
width=10
precision=4
for n in range(1, 10) :
    s=math.sqrt(n)
    c=math.pow(n,1/3)
    print(f'{n:^5}{s:{width}.{precision}}{c:{width}.{precision}}')
```

输出

```
1        1.0          1.0
2        1.414        1.26
3        1.732        1.442
4        2.0          1.587
5        2.236        1.71
6        2.449        1.817
7        2.646        1.913
8        2.828        2.0
9        3.0          2.08
```

 Exercise

[A] 回答下列问题:

（a）如何使下面的代码更紧凑？

```
print('Enter ages of 3 persons')
age1=input()
age2=input()
age3=input()
```

（b）编写一个程序，使用 **input()** 语句接收任意数量的浮点数。计算接收到的浮点数的平均值。

（c）编写一个程序，使用 **input()** 语句接收下列内容：

姓名

工作年限

收到的排灯节（Diwali）奖金

根据以下公式计算并打印协议扣款：

ded＝2 * 工作年限＋奖金 * 5.5/100

（d）对于 **print()** 函数，**sep** 和 **end** 的默认值是什么？

（e）编写一个程序，调用 **input()** 函数来一次接收三个整数。这三个整数表示一个范围的起始值、结束值和步长值。程序应使用这些值来打印数字、它的平方根和它的立方根，所有的数字右对齐。尝试用多种方法来编写。

（f）编写一个程序来打印下列值：

```
a=12.34, b=234.39, c=444.34, d=1.23, e=34.67
```

打印格式如下所示：

```
a =  12.34
b = 234.39
c = 444.34
d =   1.23
e =  34.67
```

6

列表

什么是列表？

- 容器是一个包含多个数据项的实体。它也被称为集合。

- **Python** 有以下容器数据类型：
  列表
  元组
  集合
  字典

- 容器数据类型也称为复合数据类型。

- 虽然列表可以包含不同的类型，它们通常是相似类型的集合。
  ```
  animals=['Zebra', 'Antelope', 'Tiger', 'Chimpanzee', 'Lion']
  ages=[23, 24, 25, 23, 24, 25, 26, 27, 30]
  ```

- 列表中的项可以重复，即一个列表可以包含重复的项。

访问列表元素

- 与字符串一样，可以使用索引访问列表项。因此，它们也被称为序列类型。索引值从 0

开始。

```
print(animals[1], ages[3])
```

- 与字符串一样,列表也可以被分割。

```
print(animals[1:3])
print(ages[3:])
```

- 只需使用列表的名称就可以打印整个列表。

```
l=['Able', 'was', 'I', 'ere', 'I', 'saw', 'elbA']
print(l)
```

- Python 中所有关键字的列表也可以作为一个列表获得。

```
import keyword
print(keyword.kwlist)
```

列表的基本操作

- 与字符串不同,列表是可变的。

```
animals[2]='Rhinoceros'
ages[5]=31
ages[2:5]=[24, 25, 32]
ages[2:5]=[ ]  # 删除列表中的第 2 项到第 4 个项
ages[:]=[ ]  # 清除列表中的所有项
```

- 可以对列表执行以下基本操作:

```
lst=[12, 15, 13, 23, 22, 16, 17]  # 创建列表
lst=lst+[33, 44, 55]  # 连接列表
'a' in ['a', 'e', 'i', 'o', 'u']  # 返回 True,因为'a'在列表中
'z' not in ['a', 'e', 'i', 'o', 'u']  # 返回 True,因为'z'不在列表中
del(lst[3])  # 删除列表中的第 3 项
del(lst[2:5])  # 删除列表中的第 2 项到第 4 项
del(a[:])  # 删除整个列表
len(lst)  # 返回列表中项的数量
list('Africa')  # 将字符串转变成列表['A', 'f', 'r', 'i', 'c', 'a']
max(lst)  # 返回列表中的最大元素
min(lst)  # 返回列表中的最小元素
sorted(lst)  # 返回排序后的列表,列表保持不变
sum(lst)  # 返回里列表中的所有元素之和
```

- 可以比较两个列表。列表之间逐项对比直到不匹配为止。在下面的代码中,当对 3 和 5

进行比较时,可以确定 **a** 小于 **b**。

```
a=[1, 2, 3, 4]
b=[1, 2, 5]'
if a<b :
    print('a is less than b')
elif a==b :
    print('a is equal to b')
else :
    print('b is less than a')
```

列表的方法

- 可以使用语法 **list.function( )** 来访问列表的方法。一些常用的方法如下所示:

```
lst=[12, 15, 13, 23, 22, 16, 17]        # 创建列表
lst=lst+[33, 44, 55]                    # 连接列表
lst.append(22)                          # 在列表末尾增加新元素
lst.remove(13)                          # 从列表中删除 13
lst.pop( )                              # 删除列表的最后一项
lst.pop(3)                              # 删除列表中的第 3 项
lst.insert(3,21)                        # 在列表中第 3 项的位置插入 21
lst.reverse( )                          # 将列表中的项逆序
lst.sort( )                             # 对列表中的项排序
lst.count(23)                           # 返回列表中 23 出现的次数
idx=lst.index(22)                       # 返回 22 的索引值
```

列表的类型

- 可以从另一个列表中衍生出一个新列表。

```
birds=['Parrot', 'Crow', 'Sparrow', 'Eagle']
b=birds      # 复制 birds 中的所有项到 b
```

birds 和 **b** 指向同一个列表,改变一个另一个也会跟着变。

- 可以创建一个列表的列表。

```
a=[1, 3, 5, 7, 9]
b=[2, 4, 6, 8, 10]
c=[a, b]
print(c[0][0], c[1][2])    # 第 0 个列表的第 0 个元素,第 1 个列表的第 2 个元素
```

- 一个列表可以嵌入另一个列表中。

```
x=[1, 2, 3, 4]
y=[10, 20, x, 30]
print(y) # 输出[10, 20, [1, 2, 3, 4], 30]
```

- 可以使用 * 操作符在列表中解包一个列表。

```
x=[1, 2, 3, 4]
y=[10, 20, *x, 30]
print(y)   # 输出[10, 20, 1, 2, 3, 4, 30]
```

列表推导式

- 列表推导式提供了一种创建列表的简单方法。它由方括号组成,括号中包含一个后跟 **for** 子句的表达式,以及零个或多个 **for** 子句或 **if** 子句。

- 列表推导式的一般形式是

```
lst=[expression for var in sequence [optional for and/or if]]
```

- 列表推导式举例:

```
# 生成 10 到 100 之间的 20 个随机数
a=[random.randint(10, 100) for n in range(20)]


# 列表 a 中保留 20 到 50 之间的数字,删除其他数字
a=[num for num in a if num>20 and num<50]


# 生成 0 到 10 之间所有数字的平方和立方
a=[( x, x**2, x**3) for x in range(10)]


# 生成 1、2 和 3 的所有唯一组合
a=[(i, j, k) for i in [1,2,3] for j in [1,2,3] for k in [1, 2, 3] if i !=j\
                and j !=k and k !=i]


# 将列表中的列表展开
arr=[[1,2,3,4], [5,6,7,8]]
b=[n for ele in arr for n in ele]  # 方式一
c=[*arr[0], *arr[1]]  # 方式二
```

p</>» Programs

问题 6.1

对名称列表执行下列操作：

——创建一个包含 5 个名字('Anil', 'Amol', 'Aditya', 'Avi', 'Alka')的列表

——在 'Aditya'之前插入一个名字'Anuj'

——添加一个名字 'Zulu'

——从列表中删除'Avi'

——用'AnilKumar'替换'Anil'

——对列表中所有的名字进行排序

——打印逆序的列表

程序

```python
# 创建一个包含 5 个名字的列表
names=['Anil', 'Amol', 'Aditya', 'Avi', 'Alka']
print(names)

# 在 'Aditya'之前插入一个名字'Anuj'
names.insert(2,'Anuj')
print(names)

# 添加一个名字'Zulu'
names.append('Zulu')
print(names)

# 从列表中删除'Avi'
names.remove('Avi')
print(names)

# 用'AnilKumar'替换'Anil'
i=names.index('Anil')
names[i]='AnilKumar'
print(names)

# 对列表中所有的名字进行排序
names.sort()
print(names)

# 打印逆序的列表
```

```
names.reverse()
print(names)
```

输出

```
['Anil', 'Amol', 'Aditya', 'Avi', 'Alka']
['Anil', 'Amol', 'Anuj', 'Aditya', 'Avi', 'Alka']
['Anil', 'Amol', 'Anuj', 'Aditya', 'Avi', 'Alka', 'Zulu']
['Anil', 'Amol', 'Anuj', 'Aditya', 'Alka', 'Zulu']
['AnilKumar', 'Amol', 'Anuj', 'Aditya', 'Alka', 'Zulu']
['Aditya', 'Alka', 'Amol', 'AnilKumar', 'Anuj', 'Zulu']
['Zulu', 'Anuj', 'AnilKumar', 'Amol', 'Alka', 'Aditya']
```

问题 6.2

对名称列表执行下列操作：

——创建一个包含 5 个奇数的列表

——创建一个包含 5 个偶数的列表

——合并两个列表

——在合并列表的开头添加质数 11、17、29

——报告列表中有多少元素

——将列表中的最后 3 个数字替换为 100、200、300

——删除列表中的所有数字

——删除该列表

程序

```
# 创建一个包含 5 个奇数的列表
a=[1, 3, 5, 7, 9]
print(a)

# 创建一个包含 5 个偶数的列表
b=[2, 4, 6, 8, 10]
print(b)

# 合并两个列表
a=a+b
print(a)
```

```
# 在合并列表的开头添加质数 11、17、29
a=[11, 17, 29]+a
print(a)

# 报告列表中有多少元素
num=len(a)
print(num)

# 将列表中的最后 3 个数字替换为 100、200、300
a[num-3:num]=[100, 200, 300]
print(a)

# 删除列表中的所有数字
a[:]=[]
print(a)

# 删除该列表
del a
```

输出

```
[1, 3, 5, 7, 9]
[2, 4, 6, 8, 10]
[1, 3, 5, 7, 9, 2, 4, 6, 8, 10]
[11, 17, 29, 1, 3, 5, 7, 9, 2, 4, 6, 8, 10]
13
[11, 17, 29, 1, 3, 5, 7, 9, 2, 4, 100, 200, 300]
[
]
```

问题 6.3

编写一个程序来实现堆栈(Stack)数据结构。堆栈是一个后进先出(Last In First Out，LIFO)列表，其中添加和删除都发生在列表的尾端。

程序

```
# 堆栈——后进先出列表
s=[ ]  # 空堆栈
# 将元素推入堆栈
s.append(10)
s.append(20)
s.append(30)
```

```
s.append(40)
s.append(50)
print(s)

# 从堆栈中弹出元素
print(s.pop())
print(s.pop())
print(s.pop())
#
print(s)
```

输出

```
[10, 20, 30, 40, 50]
50
40
30
[10, 20]
```

问题 6.4

编写一个程序来实现队列（Queue）数据结构。队列是一个先进先出（First In First Out, FIFO）列表，其中添加发生在队列的尾端，删除发生在队列的首端。

程序

```
import collections
q=collections.deque()
q.append('Suhana')
q.append('Shabana')
q.append('Shakila')
q.append('Shakira')
q.append('Sameera')
print(q)

print(q.popleft())
print(q.popleft())
print(q.popleft())
print(q)
```

输出

```
deque(['Suhana', 'Shabana', 'Shakila', 'Shakira', 'Sameera'])
```

```
Suhana
Shabana
Shakila
deque(['Shakira', 'Sameera'])
```

小提示

• 列表对于队列数据结构的实现效率不高。

• 使用列表从开始位置进行删除是没有效率的,因为它需要在删除后将其余的元素移动1个位置。

• 因此,对于快速添加和删除,**collection.dequeue** 类是首选。

问题 6.5

编写一个程序来生成10到100范围内的15个随机数并存储在一个列表中。从这个列表中删除所有值在20到50之间的数,打印剩余的列表。

程序

```
import random

a=[ ]
i=1
while i<=15 :
    num=random.randint(10,100)
    a.append(num)
    i+=1

print(a)

for num in a :
    if num > 20 and num < 50 :
        a.remove(num)

print(a)
```

输出

```
[64, 10, 13, 25, 16, 39, 80, 100, 45, 33, 30, 22, 59, 73, 83]
[64, 10, 13, 16, 80, 100, 33, 22, 59, 73, 83]
```

小提示

• 列表对于队列数据结构的实现效率不高。

• 使用列表从开始位置进行删除是没有效率的,因为它需要在删除后将其余的元素移动 1 个位置。

• 因此,对于快速添加和删除,**collection.dequeue** 类是首选。

问题 6.6

编写一个程序,使用以下两种方式来创建两个 3×4 矩阵:

(a) 列表
(b) 列表推导式

程序

```
mat1=[[1, 2, 3, 4], [5, 6, 7, 8], [9, 10, 11, 12]]
mat2=[[1, 2, 3, 4], [5, 6, 7, 8], [9, 10, 11, 12]]
mat3=[[0, 0, 0, 0], [0, 0, 0, 0], [0, 0, 0, 0]]

# 遍历行
for i in range(len(mat1)):

# 遍历列
for j in range(len(mat1[0])):
    mat3[i][j]=mat1[i][j]+mat2[i][j]
print(mat3)
mat3=[[mat1[i][j]+mat2[i][j] for j in range(len(mat1[0]))
            for i in range(len(mat1))]
print(mat3)
```

输出

```
[[2, 4, 6, 8], [10, 12, 14, 16], [18, 20, 22, 24]]
[[2, 4, 6, 8], [10, 12, 14, 16], [18, 20, 22, 24]]
```

小提示

• 嵌套列表推导式是在其后的 for 语句的上下文中计算的。

[A] 回答下列问题:

(a) 编写一个程序来创建一个包含 5 个奇数的列表。用一个包含 4 个偶数的列表替换第三个元素。将列表展开、排序并打印。

(b) 编写一个程序,为第一象限内从 (1,1) 到 (5,5) 的所有点生成一个整数坐标列表。使用列表推导式完成。

(c) 编写一个程序,使用列表推导式将下面的列表展开:

```
mat1 = [[1, 2, 3, 4], [5, 6, 7, 8], [9, 10, 11, 12]]
```

(d) 编写一个程序,使用列表推导式来生成一个范围为 2 到 50 的数字列表,这些数字可以被 2 和 4 整除。

(e) 使用列表推导式编写一个程序,通过将列表中的每个元素乘以 10 来创建一个列表。

(f) 假设有两个列表,每个列表包含 5 个字符串。编写一个程序,使用列表推导式生成一个列表,使该列表中的字符串是原有两个列表中相应元素的连接。

(g) 编写一个程序,使用列表推导式生成前 20 个斐波纳契数。

(h) 假设一个列表包含随机生成的 20 个整数。从键盘输入一个数字,并报告该数字在列表中出现的所有位置。

(i) 假设有两个列表,一个包含问题,另一个包含每个问题的 4 个可能答案。编写一个程序来生成一个包含问题及其 4 个可能答案的列表。

(j) 假设一个列表有 20 个数字。编写一个程序来从这个列表中删除所有重复项。

(k) 编写一个程序,使用列表推导式来生成两个列表。一个列表包含前 20 个奇数,另一个列表包含前 20 个偶数。

(l) 假设一个列表包含正数和负数。编写一个程序来创建两个列表——一个包含正数,另一个包含负数。

（m）假设一个列表包含 5 个字符串。编写一个程序来将所有这些字符串转换成大写。

（n）编写一个程序，将华氏温度转换为相对应的摄氏温度。

（o）编写一个程序，在不打乱列表中数字顺序的情况下获得一个数字列表的中位数。

（p）一个列表只包含正整数和负整数。编写一个程序，在不使用循环的情况下获得列表中出现的负数的数量。

7

元组

什么是元组？

• 元组通常是包含在()中的异构对象的集合。

```
a=()  # 空元组
b=(10,)  # 包含一个项的元组，10后面的逗号是必需的
c=('Sanjay', 25, 34555.50)  # 包含多个项的元组
```

在创建元组 **b** 时，如果在 10 后面不使用逗号，**b** 将被视为 int 型数据。

• 在初始化元组时，可以不使用（）。

```
c='Sanjay', 25, 34555.50 # 包含多个项的元组
print(type(c)) # c的类型是元组
```

• 元组是不可变的(与列表不同)，但是它们可以包含像列表这样的可变对象。

```
# 可变的列表、不可变的字符串——都包含在元组中
s=( [ 1, 2, 3, 4], [ 4, 5 ], 'Ocelot' )
```

• 元组中的项可以重复，即元组可能包含重复的项。

• 元组用于处理异构数据，而列表用于处理可变长度的数据。

访问元组元素

- 与字符串和列表一样,元组项也可以使用索引访问,因为它们都是序列类型。

```
msg=('Handle', 'Exceptions', 'Like', 'a', 'boss')
print(msg[1], msg[3])
```

- 与字符串和列表一样,元组也可以被分割成更小的元组。

```
print(msg[1:3])
print(msg[3:])
```

- 只需使用元组的名称就可以打印整个元组。

```
t=('Subbu', 25, 58.44)
print(t)
```

- 与字符串和列表一样,元组也可以使用 **for** 循环进行迭代。

```
records= (
            ('Sanjay', 25, 34555.50 ),
            ('Shailesh', 25, 34555.50 ),
            ('Subhash', 25, 34555.50 )
          )
for n, a, s in records :
    print(n,a,s)
```

元组的操作

- 与列表不同,元组是不可变的。

```
msg=('Fall', 'In', 'Line')
msg[0]='FALL' # 报错
msg[1:3]=('Above', 'Mark')  # 报错
```

- 常见的元组操作如下所示:

```
t=( 12, 15, 13, 23, 22, 16, 17 )  # 创建元组
t=t+( 3.3, 4.4, 5.5 )  # 连接元组
12 in t  # 返回 True,因为 12 在元组 t 中
22 not in t  # 返回 False,因为 22 在元组 t 中
len(t)#  返回元组 t 中元素的数量
tuple('Africa')  # 将字符串转换为元组 ( 'A', 'f', 'r', 'i', 'c', 'a' )
max(t)  # 返回元组 t 中的最大值
min(t)  # 返回元组 t 中的最小值
```

```
sorted(t)  # 返回排序后的元组，t 保持不变
sum(t)#  返回元组 t 中所有元素的和
t.index(15)   # 返回元素 15 的索引
t.count(15) # 返回 15 在元组 t 中出现的次数
```

由于元组是不可变的，因此如 append、remove、insert、reverse、sort、del 等操作不能用于元组。

• 两个元组是可以相互比较的，且是逐项进行比较，直到不能匹配为止。下面是一些示例：

```
(10, 20, 30)<(10, 30, 20)
(10, 20)<(10, 20, -10)
(32, 42, 52)==(32.0, 42.0, 52.0)
```

元组的类型

• 可以创建元组的元组。

```
a=(1, 3, 5, 7, 9)
b=(2, 4, 6, 8, 10)
c=(a, b)
print(c[0][0], c[1][2]) # 第 0 个元组的第 0 个元素，第 1 个元组的第 2 个元素
```

• 一个元组可以嵌入到另一个元组中。

```
x=(1, 2, 3, 4)
y=(10, 20, x, 30)
print(y) # 输出(10, 20, (1, 2, 3, 4), 30)
```

• 可以使用 *操作符在一个元组中解包另一个元组。

```
x=(1, 2, 3, 4)
y=(10, 20, * x, 30)
print(y)  # 输出(10, 20, 1, 2, 3, 4, 30)
```

元组推导式

• 根本没有元组推导式。

• 推导式的工作原理是循环和迭代项，并将它们分配给一个容器。该容器不能是元组，因为元组是不可变的，无法接受赋值。

- 尽管元组是可迭代的,并且看起来像一个不可变的列表,但它实际上是 Python 中的 C 结构体。

将列表推导式转变成元组

- 可以使用 **tuple( )** 函数将列表转换成元组。列表可以是普通的列表,也可以是通过列表推导式生成的列表。

```
a=tuple([10, 20, 30, 40, 50])
b=tuple([(x, x**2, x**3) for x in range(10)])
```

迭代器和可迭代对象

- 迭代器是可以被迭代的对象,即可以一次返回一个元素数据的对象。

- 迭代器可在 **for** 循环、推导式、生成器等中实现。

- 如果可以从一个对象中获得迭代器,那么该对象就称为可迭代对象。容器例如字符串、列表、元组都是可迭代对象。

zip( )函数

- **zip( )** 函数接收 0 个或多个可迭代对象并且返回一个基于这些可迭代对象的元组迭代器。

```
words=[ 'A coddle called Molly' ]
numbers=[ 10, 20, 30, 40 ]
ti1=zip( )  # 返回一个空的迭代器
ti2=zip(words) # 返回一个元组迭代器,每个元组包含 1 个元素
ti2=zip(words, numbers)# 返回一个元组迭代器,每个元组包含 2 个元素
```

- 如果将两个可迭代对象传递给 zip,一个包含 4 个元素,另一个包含 6 个元素,那么返回的迭代器有 4 个(更短的可迭代对象)元组。

- 可以从由 zip 返回的元组迭代器生成列表。

```
l=list(ti2)
```

- 可以使用 * 将值从列表解压缩到元组。

```
w, n=zip(*l)
```

问题 7.1

创建 3 个列表——姓名列表、年龄列表和薪水列表。由这 3 个列表生成并打印一个包含姓名、年龄和薪水的元组列表。从这个列表中生成 3 个元组,第一个包含所有的名字,第二个包含所有的年龄,第三个包含所有的薪水。

程序

```
names=['Amol', 'Anil', 'Akash']
ages=[25, 23, 27]
salaries=[34555.50, 40000.00, 450000.00]

# 创建元组迭代器
it=zip(names, ages, salaries)

# 通过迭代器创建列表
lst=list(it)
print(lst)

# 将列表解压缩到元组
n, a, s=zip(*lst)
print(n)
print(a)
print(s)
```

输出

```
[('Amol', 25, 34555.5), ('Anil', 23, 40000.0), ('Akash', 27, 450000.0)]
('Amol', 'Anil', 'Akash')
(25, 23, 27)
(34555.5, 40000.0, 450000.0)
```

问题 7.2

编写一个程序来获得一个 3×4 矩阵的转置矩阵。

程序

```
mat=[[1, 2, 3, 4], [5, 6, 7, 8], [9, 10, 11, 12]]
ti=zip(*mat)
lst=list(ti)
print(lst)
```

输出

```
[(1, 5, 9), (2, 6, 10), (3, 7, 11), (4, 8, 12)]
```

小提示

- **mat** 包含列表的列表。这些列表可以通过 **mat[0]**、**mat[1]** 和 **mat[2]** 或者简单的 *** mat**来访问。

- **zip(*mat)**接收 3 个列表并返回一个元组迭代器，每个元组包含 3 个元素。

- 通过 **zip()**返回的迭代器被 **list()**用来生成列表。

问题 7.3

编写一个程序，使用列表推导式实现两个矩阵 x(2×3) 和 y(3×2)相乘。

程序

```
x=[
        [1, 2, 3],
        [4, 5, 6]
    ]
y=[
        [11, 12],
        [21, 22],
        [31, 32]
    ]
l1=[ xrow for xrow in x ]
print(l1)

l2=[ (xrow, ycol) for ycol in zip(*y) for xrow in x ]
print(l2)

l3=[[sum(a*b for a,b in zip(xrow,ycol)) for ycol in zip(*y)]for xrow in x]
print(l3)
```

输出

```
[[1, 2, 3], [4, 5, 6]]
[([1, 2, 3], (11, 21, 31)), ([4, 5, 6], (11, 21, 31)), ([1, 2, 3], (12, 22, 32)),
    ([4, 5, 6], (12, 22, 32))]
[[146, 152], [335, 350]]
```

小提示

• 为了让你更容易理解这个列表,这里把它分成了 3 个部分。通过检查它们的输出来了解它们。

问题 7.4

将一个元组传递给 **divmod()** 函数并获得商和余数。

程序

```
result=divmod(17,3)
print(result)
t=( 17, 3 )
result=divmod( * t)
print(result)
```

输出

```
(5, 2)
(5, 2)
```

小提示

• 如果把 **t** 传递给 **divmod( )** 会报错,我们必须将元组解压成两个不同的值,再把它们传递给 **divmod( )**。

• **divmod( )** 返回一个由商和余数组成的元组。

问题 7.5

假设我们有一个包含 5 个整数的列表和一个包含 5 个浮点数的元组。我们可以压缩它们并获得一个迭代器吗? 如果可以,如何操作?

程序

```
integers=[ 10, 20, 30, 40, 50]
floats=(1.1, 2.2, 3.3, 4.4, 5.5)

ti=zip(integers, floats)
lst=list(ti)
for i, f in lst :
    print(i, f)
```

输出

```
10 1.1
20 2.2
30 3.3
40 4.4
50 5.5
```

小提示

• 任何可迭代对象都可以传递给 **zip()** 函数。

 Exercise

[A] 回答下列问题：

(a) 假设将日期表示为一个元组(d, m, y)，编写一个程序来创建两个日期元组并找出这两个日期之间的天数。

(b) 创建一个元组列表。每个元组都应该包含一个商品及其浮动价格。编写一个按价格降序对元组进行排序的程序。

(c) 将用户持有的股份数据存储为包含以下股份信息的元组：

　　股份名称
　　购买日期
　　成本价格
　　股份数量
　　销售价格

编写一个程序来计算：

——投资组合的总成本

——收益或损失的总额

——收益或损失的百分比

(d) 编写一个程序，将一个元组列表解压缩到单独的列表中。

[(10, 20, 30), (150.55, 145.60, 157.65), ('A1', 'B1', 'C1')]

(e) 编写一个程序来移除一个元组列表中的空元组。

(f) 编写一个程序来创建以下 3 个列表：

——一个名称列表

——一个学号列表

——一个分数列表

从 3 个列表中生成并打印包含名称、学号和分数的元组列表。从这个列表生成 3 个元组，第一个包含所有名称，第二个包含所有学号，第三个包含所有分数。

(g) 下面程序的输出是什么？

```
x=[ [1, 2, 3, 4], [4, 5, 6, 7]]
y=[ [1, 1], [2, 2], [3, 3], [4, 4]]
l1=[ xrow for xrow in x ]
print(l1)
l2=[(xrow, ycol) for ycol in zip( *y) for xrow in x ]
print(l2)
```

8

集合

什么是集合？

- 集合类似于列表，但是它不包含重复项。

```
a=()   # 空集合, 注意使用()而不是{}
b={20}  # 只有一个项的集合
c={'Sanjay', 25, 34555.50} # 有多个项的集合
d={10, 10, 10, 10} # 只会存储一个 10
```

- 集合是无序的。因此，插入的顺序和访问的顺序是不一样的。

```
c={15, 25, 35, 45, 55}
print(c)  # 打印{35, 45, 15, 55, 25}
```

- **set( )** 函数用于将字符串、列表、元组转换成集合。

```
l=[10, 20, 30, 40, 50]
t=('Sanjay', 25, 450000.00)
s='Oceania'
s1=set(l)
s2=set(t)
s3=set(s)
```

当使用 **set( )** 创建集合时，重复项会被消除。

- 集合像列表一样是可变的，它们的内容可以更改。

集合里面不能嵌套集合。

访问集合元素

- 由于集合是无序的，所以不能使用索引访问集合中的元素。

- 集合不能使用[]进行切片。

- 使用集合的名称就能打印出整个集合。

```
s={'Subbu', 25, 58.44}
print(s)
```

- 与字符串、列表和元组一样，集合也可以使用 **for** 循环进行迭代。

```
s={ 12, 15, 13, 23, 22, 16, 17 }
for ele in s :
    print(ele)
```

集合的操作

- 内置函数和常用的集合操作如下所示：

```
s={12, 15, 13, 23, 22, 16, 17}  # 创建集合
12 in s   # 返回 True,因为 12 在集合 s 中
22 not in s   # 返回 False,因为 22 在集合 s 中
len(s)   #  返回集合 s 中元素的数量
max(s)   #  返回集合 s 中元素的最大值
min(s)   #  返回集合 s 中元素的最小值
sorted(s)   # 返回排序后的集合,s 保持不变
sum(s)   # 返回集合 s 中所有元素的和
```

- 可以使用 * 操作符解压一个集合。

```
x={1, 2, 3, 4}
print(*x)  # 输出 1, 2, 3, 4
```

集合的函数

下面的函数可在集合中使用：

```
s={12, 15, 13, 23, 22, 16, 17}
t={'A', 'B', 'C'}
```

```
s.update(t) # 将 t 中的元素添加到 s 中
s.add('Hello') # 在 s 中增加'Hello'
s.remove(15) # 从 s 中删除 15
s.discard(101)  # remove(101)会引发错误, discard(101)不会
s.clear( ) # 删除所有元素
```

集合的数学运算

对集合可以进行并、交、差运算：

```
# 集合
engineers={'Vijay', 'Sanjay', 'Ajay', 'Sujay', 'Dinesh'}
managers={'Aditya', 'Sanjay'}

# 并集——两个集合中的所有人
print(engineers | managers)

# 交集——同时是工程师和经理的人
print(engineers & managers)

# 差集——不是经理的工程师
print(engineers - managers)

# 差集——不是工程师的经理
print(managers - engineers )

# 对称差分——不是工程师的经理和不是经理的工程师
print(managers ^ engineers )

a={1, 2, 3, 4, 5}
b={2, 4, 5}
print(a>=b) # 打印 True,因为 a 包含 b
print(a<=b) # 打印 False,因为 a 不是 b 的子集
```

集合的更新

集合的数学运算可扩展来更新一个现有的集合。

```
a|= b # 用 a|b 的结果更新 a
a&= b # 用 a&b 的结果更新 a
a-=b # 用 a-b 的结果更新 a
a^=b # 用 a^b 的结果更新 a
```

集合推导式

- 与列表推导式一样,集合推导式提供了一种创建集合的简单方法。它由花括号组成,括号中包含一个后跟 **for** 子句的表达式,以及零个或多个 **for** 或 **if** 子句。

- 所以集合推导式的一般形式是:

  `s={expression for var in sequence [optional for and/or if] }`

- 集合推导式举例:

```
# 生成一个集合,包含 0 到 10 之间所有数字的平方
a={x**2 for x in range(10)}

# 从一个集合中删除 20 到 50 之间的所有数字
a={num for num in a if num > 20 and num < 50}
```

p</> Programs

问题 8.1

下列程序的输出是什么?

```
a={10, 20, 30, 40, 50, 60, 70}
b={33, 44, 51, 10, 20,50, 30, 33}
print(a|b)
print(a & b)
print(a-b)
print(b-a)
print(a^b)
print(a>=b)
print(a<=b)
```

输出

```
{33, 70, 40, 10, 44, 50, 51, 20, 60, 30}
{10, 50, 20, 30}
{40, 60, 70}
{33, 51, 44}
{33, 70, 40, 44, 51, 60}
False
False
```

问题 8.2

下列程序的输出是什么？

```
a={1, 2, 3, 4, 5, 6, 7}
b={1, 2, 3, 4, 5, 6, 7}
c={1, 2, 3, 4, 5, 6, 7}
d={1, 2, 3, 4, 5, 6, 7}
e={3, 4, 1, 0, 2, 5, 8, 9}
a|=e
print(a)
b&=e
print(b)
c-=e
print(c)
d^=e
print(d)
```

输出

```
{0, 1, 2, 3, 4, 5, 6, 7, 8, 9}
{1, 2, 3, 4, 5}
{6, 7}
{0, 6, 7, 8, 9}
```

问题 8.3

编写一个程序，对给定集合 s＝{10，2，－3，4，5，88}执行下列操作：

——集合 s 中元素的数量

——集合 s 中元素的最大值

——集合 s 中元素的最小值

——集合 s 中所有元素的和

——从 s 中获得一个新的已排序集合，集合 s 保持不变

——报告 100 是否是集合 s 的一个元素

——报告－3 是否是集合 s 的一个元素

程序

```
s={ 10, 2, -3, 4, 5, 88 }
print(len(s))
```

```
print(max(s))
print(min(s))
print(sum(s))
t=sorted(s)
print(t)
print ( 100 in s )
print ( -3 not in s )
```

输出

```
6
88
-3
106
[-3, 2, 4, 5, 10, 88]
False
False
```

问题 8.4

下列程序的输出是什么？

程序

```
l=[10, 20, 30, 40, 50]
t=('Sundeep', 25, 79.58)
s='set theory'
s1=set(l)
s2=set(t)
s3=set(s)
print(s1)
print(s2)
print(s3)
```

输出

```
{40, 10, 50, 20, 30}
{25, 79.58, 'Sundeep'}
{'h', 's', 't', 'y', ' ', 'r', 'e', 'o'}
```

[A] 回答下列问题:

(a) 一个集合包含以 A 或 B 开头的名字。编写一个程序把这些名字分成两个集合,一个集合包含以 A 开头的名字,另一个集合包含以 B 开头的名字。

(b) 创建一个空集合。编写一个程序,向这个集合添加 5 个新的名字,修改一个已有的名字,并删除两个已有的名字。

(c) **discard( )** 和 **remove( )** 这两个集合函数有什么不同?

(d) 编写一个程序,创建一个包含 10 个随机生成的 15 到 45 之间的数字的集合。数一下这些数中有多少小于 30。删除所有大于 35 的数字。

(e) 下面的集合操作符执行什么操作?

    |, &, ^, -

(f) 下面的集合操作符执行什么操作?

    |= , &= , ^= , - =

(g) 哪个操作符用于确定一个集合是否是另一个集合的子集?

(h) 下列程序的输出是什么?

```
s={ 'Mango', 'Banana', 'Guava', 'Kiwi'}
s.clear( )
print(s)
del(s)
print(s)
```

(i) 下列哪一种是创建空集的正确方法?

```
s1=( )
s2={ }
```

s1 和 s2 的类型是什么? 你如何确定类型?

9

字典

什么是字典？

- 字典是键-值对的集合。与序列类型不同，它们是通过键进行索引的。

- 字典也被称为映射或关联数组。

- 字典中的键必须是唯一且不可变的，所以字符串或元组可以用作键。

- 创建字典的方法：

```
a={ }  # 空字典
b={ 'A101' : 'Amol', 'A102' : 'Anil', 'B103' : 'Ravi' }
lst=[12, 13, 14, 15, 16]
e=dict.fromkeys(lst, 25) # 所有值设为 25
```

- 虽然键值是唯一的，但是不同的键可能具有相同的值。

访问字典元素

- 可以使用键作为索引来访问字典元素。

```
b={ 'A101' : 'Dinesh', 'A102' : 'Shrikant', 'B103' : 'Sudhir' }
print(b['A102']) # 打印键 'A102' 的值
print(b) # 打印所有键-值对
```

- 字典可以通过三种方式迭代：

```
# 通过键-值对迭代
for k, v in courses.items() :
    print(k, v)

# 通过键迭代
for k in courses.keys() :
    print(k)

# 通过键迭代——更简洁的方式
for k in courses :
  print(k)

# 通过值迭代
for v in courses.values() :
    print(v)
```

字典的操作

- 字典是可变的。

- 字典是可变的，所以我们可以对字典执行添加、删除、修改操作。

```
courses={ 'CS101' : 'CPP', 'CS102' : 'DS', 'CS201' : 'OOP',
          'CS226' : 'DAA', 'CS601' : 'Crypt', 'CS442' : 'Web' }

# 添加,修改,删除
courses['CS444']='Web Services' # 添加新的键-值对
courses['CS201']='OOP Using java' #  修改键对应的值
del(courses['CS102']) #  删除键-值对
del(courses) # 删除字典对象
```

- 其他常用的字典操作如下所示：

```
len(courses) # 返回键-值对的数量
max(courses) # 返回最大的键-值对
min(courses) # 返回最小的键-值对

# 验证是否存在
'ME101' in courses # 返回 True,如果 ME101 在 courses 中
'CE102' not in courses #  返回 True,如果 CE102 不在 courses 中

# 按插入顺序获取键
```

```
lst=list(courses.keys())
```

```
# 按插入顺序获取键——更简洁的方法
lst=list(courses)
```

```
# 获取已排序的键列表
lst=sorted(courses.keys())
```

```
# 获取已排序的键列表——更简洁的方法
lst=sorted(courses)
```

字典的函数

• 字典的方法有很多。它们执行的许多操作也可以由内置函数执行。常用的字典函数如下所示：

```
courses.clear() # 清除所有字典元素
courses.update(d1) # 在字典元素中添加 d1
```

字典的嵌套

• 字典是可以嵌套的。

```
contacts={
         'Anil': {'DOB' : '17/11/98', 'Favorite' : 'Igloo'},
         'Amol': {'DOB' : '14/10/99', 'Favorite' : 'Tundra'},
         'Ravi': {'DOB' : '19/11/97', 'Favorite' : 'Artic'}
         }
```

字典推导式

• 一般形式:

```
dict_var={key:value for (key, value) in dictonary.items()}
```

例子:

```
d={'a': 1, 'b': 2, 'c': 3, 'd': 4, 'e': 5}
```

```
# 获得字典 d 中每个值的立方
  d1={k : v**3 for (k, v) in d.items()}
print(d1)
```

```
# 获得字典中大于 3 的值
d2={k : v for (k, v) in d.items ( ) if v>3}
print(d2)

# 判断字典中的奇数项和偶数项
d3={k : ( 'Even' if v % 2==0 else 'Odd') for (k, v) in d.items ( )}
```

p</>≫ Programs

问题 9.1

创建一个名为 **students** 的字典，包含姓名和年龄。将字典复制到 **stud** 中。清空 **students** 字典，**stud** 仍然保留数据。

程序

```
students={ 'Anil' : 23, 'Sanjay' : 28, 'Ajay' : 25 }
stud=students
students={ }
print(stud)
```

输出

```
{'Anil': 23, 'Sanjay': 28, 'Ajay': 25}
```

小提示

• 通过制作一个浅拷贝，不会创建一个新字典。**stud** 开始指向 **students** 所指向的相同数据。

• 我们使用 **students.clear ( )** 时，将会清除所有的数据。所以 **stud** 和 **students** 都会指向一个空字典。

问题 9.2

创建一个板球运动员列表。使用此列表创建一个字典，其中的列表值将成为字典的键值。将创建的字典中所有键的值设置为 50。

程序

```
lst=['Sunil', 'Sachin', 'Rahul', 'Kapil', 'Sunil', 'Rahul']
```

```
d=dict.fromkeys(lst, 50)
print(len(lst))
print(len(d))
print(d)
```

输出

```
6
4
{'Sunil': 50, 'Sachin': 50, 'Rahul': 50, 'Kapil': 50}
```

小提示

- 列表可以包含重复的项,而字典中的键是唯一的。因此,由列表创建字典时会消除重复项,如输出中所示。

问题 9.3

创建学生和分数两个列表。使用字典推导式由这两个列表创建一个字典。使用学生姓名作为键,分数作为值。

程序

```
# 键和值的列表
lstnames=['Sunil', 'Sachin', 'Rahul', 'Kapil', 'Rohit']
lstmarks=[54, 65, 45, 67, 78]

# 字典推导式
d={k:v for (k, v) in zip(lstnames, lstmarks)}
print(d)
```

输出

```
{'Sunil': 54, 'Sachin': 65, 'Rahul': 45, 'Kapil': 67, 'Rohit': 78}
```

问题 9.4

编写一个程序,按键升序/降序和按值升序/降序对字典进行排序。

程序

```
import operator
d={'Oil' : 230, 'Clip' : 150, 'Stud' : 175, 'Nut' : 35}
print('Original dictionary : ',d)

# 按照键排序
d1=sorted(d.items( ) )
print('Asc. order by key : ', d1)
d2=sorted(d.items( ), reverse=True)
print('Des. order by key :', d2)

# 按照值排序
d1=sorted(d.items( ), key=operator.itemgetter(1))
print('Asc. order by value :',d1)
d2=sorted(d.items( ), key=operator.itemgetter(1), reverse=True)
print('Des. order by value :',d2)
```

输出

```
Original dictionary : {'Oil': 230, 'Clip': 150, 'Stud': 175, 'Nut': 35}
Asc. order by key : [('Clip', 150), ('Nut', 35), ('Oil', 230), ('Stud', 175)]
Des. order by key : [('Stud', 175), ('Oil', 230), ('Nut', 35), ('Clip', 150)]
Asc. order by value : [('Nut', 35), ('Clip', 150), ('Stud', 175), ('Oil', 230)]
Des. order by value : [('Oil', 230), ('Stud', 175), ('Clip', 150), ('Nut', 35)]
```

小提示

- 字典中的元素默认是按照键排序的。

- 要按照值排序，需要使用 **operator.itemgetter(1)**。

- **sorted()** 的 **key** 参数需要一个键函数（应用于要排序的对象），而不是单个键值。

- **operator.itemgetter(1)** 将提供一个函数，该函数从类似列表的对象中获取第一项。

- 通常，**operator.itemgetter(n)** 构造一个可调用的方法，它假设一个可迭代对象（例如列表、元组、集合）作为输入，并从中取出第 n 个元素。

问题 9.5

编写一个程序来创建 3 个字典，并将它们连接起来创建第 4 个字典。

程序

```
d1={'Mango' : 30, 'Guava': 20}
d2={'Apple' : 70, 'Pineapple' : 50}
d3={'Kiwi' : 90, 'Banana' : 35}
d4={ }
for d in (d1, d2, d3):
    d4.update(d)
print(d4)
```

输出

```
{'Mango': 30, 'Guava': 20, 'Apple': 70, 'Pineapple': 50, 'Kiwi': 90, 'Banana': 35}
```

小提示

- 列表对于队列数据结构的实现效率不高。

- 使用列表从开始位置删除元素是没有效率的，因为它需要到在删除后将其余的元素向前移动 1 个位置。

- 因此，对于快速添加和删除，**collection.dequeue** 类是首选。

问题 9.6

编写一个程序来检查字典是否为空。

程序

```
d1={'Anil' : 45, 'Amol' : 32}
if bool(d1) :
    print('Dictionary is not empty')


d2={ }
if not bool(d2) :
    print('Dictionary is empty')
```

输出

```
Dictionary is not empty
Dictionary is empty
```

问题 9.7

创建一个包含学生姓名和他们在三个科目中获得的分数的字典。编写一个程序,将这些姓名以表格形式打印出来,并将排序后的姓名作为列,在每个学生的姓名下面列出三个科目的分数,如下所示:

Rahul	Rakesh	Sameer
67	59	58
76	70	86
39	81	78

程序

```
d={'Rahul':[67,76,39],'Sameer':[58,86,78],'Rakesh':[59,70,81]}
for row in zip(*([k]+(v) for k, v in sorted(d.items()))):
    print(*row, sep='\t')
```

问题 9.8

假设有名为 boys 和 girls 的两个字典,其中姓名作为键,年龄作为值。编写一个程序来将这两个字典合并成一个新字典。

程序

```
boys={'Nilesh' : 41, 'Soumitra' : 42, 'Nadeem' : 47}
girls={'Rasika' : 38, 'Rajashree' : 43, 'Rasika' : 45}

combined={**boys, **girls}
print(combined)

combined={**girls, **boys}
print(combined)
```

输出

```
{'Nilesh': 41, 'Soumitra': 42, 'Nadeem': 47, 'Rasika': 45, 'Rajashree': 43}
{'Rasika': 45, 'Rajashree': 43, 'Nilesh': 41, 'Soumitra': 42, 'Nadeem': 47}
```

小提示

• 从输出中可以看出,字典是按照表达式中列出的顺序合并的。

• 当合并发生时,重复项被后面的项覆盖,所以 Rasika: 38 被 Rasika: 45 覆盖了。

问题 9.9

对于下面的字典,编写一个程序来找到最高工资。

程序

```
d={
        'anuj' : {'salary' : 10000, 'age' : 20, 'height' : 6},
        'aditya' : {'salary' : 6000, 'age' : 26, 'height' : 5.6},
        'rahul' : {'salary' : 7000, 'age' : 26, 'height' : 5.9}
    }
lst=[]
for v in d.values() :
    lst.append(v['salary'])
print(max(lst))
print(min(lst))
```

输出

```
10000
6000
```

问题 9.10

假设一个字典包含学生的学号和姓名。编写一个程序来接收学号,提取与学号对应的姓名,并按姓名显示祝贺消息。如果该学号在字典中不存在,则消息应该是"Congratulations Student!"

程序

```
students={ 554 : 'Ajay', 350 : 'Ramesh', 395 : 'Rakesh' }
rollno=int(input('Enter roll number:'))
name=students.get(rollno, 'Student')
print( f'Congratulations {name}!')
rollno=int(input('Enter roll number:'))
name=students.get(rollno, 'Student')
print( f'Congratulations {name}!')
```

输出

```
Enter roll number: 350
Congratulations Ramesh!
Enter roll number: 450
Congratulations Student!
```

[A] 判断下列陈述是对还是错：

（a）可以使用基于位置的索引访问字典元素。

（b）字典是不可变的。

（c）**courses.clear( )** 会删除名为 **courses** 的字典对象。

（d）字典可以生成其他字典。

（e）字典中一个键可以对应多个值。

[B] 做下列尝试：

（a）编写一个程序，从键盘读取一个字符串，并创建一个包含该字符串中每个字符出现次数的字典。同时，用直方图的形式打印这些次数。

（b）创建一个字典，包含学生的姓名和他们在三个科目中获得的分数。编写一个程序，用这三个科目的总分和平均分来代替这三个科目的分数，同时打印出班级的第一名。

（c）给出以下字典：

```
portfolio={ 'accounts' : ['SBI', 'IOB']
            'shares' : ' [HDFC, 'ICICI', 'TM', 'TCS']
            'ornaments' : ['10 gm gold', '1 kg silver'] }
```

编写一个程序来执行下列操作：

——在 portfolio 中添加一个键 'MF'，对应的值为 'Relaince' 和 'ABSL'。

——将 'accounts' 的值设置为包含 'Axis' 和 'BOB' 的列表。

——对存储在 'shares' 键下的列表中的项进行排序。

——删除存储在 'ornaments' 键下的列表。

（d）创建两个字典，一个包含日常用品及其价格，另一个包含日常用品及其购买数量。通过使用这两个字典中的值来计算账单总额。

（e）你将使用哪些函数来从给定的字典中获取所有键、所有值和键-值对？

（f）使用两个骰子可以产生 36 个独特的组合。创建一个将这些组合存储为元组的字典。

（g）创建一个包含 10 个用户名和密码的字典。从键盘输入用户名和密码，并在字典中搜索它们。根据是否找到匹配项，在屏幕上打印适当的信息。

（h）稀疏矩阵是一个大多数元素的值为 0 的矩阵。假设我们有一个 5×5 的稀疏矩阵存储为一个列表的列表。编写一个程序，用这个列表的列表创建一个字典。字典应该将非零元素的行和列存储为元组键，将非零元素的值存储为对应元组键的值。

（i）给定如下字典：

```
marks={'Subu':{'Maths' : 88 , 'Eng' : 60, 'SSt' : 95},
       'Amol':{'Maths' : 78 , 'Eng' : 68, 'SSt' : 89},
       'Rama':{'Maths' : 68 , 'Eng' : 66, 'SSt' : 87},
       'Raka':{'Maths' : 56 , 'Eng' : 66, 'SSt' : 77} }
```

编写一个程序来执行以下操作：

——打印 Amol 的英语分数。

——将 Rama 的数学分数设置成 77。

——按照姓名对字典排序。

（j）创建一个存储下列数据的字典：

Interface	IP Address	status
eth0	1.1.1.1	up
eth1	2.2.2.2	up
wlan0	3.3.3.3	down
wlan1	4.4.4.4	up

编写一个程序来执行以下操作：

——查找给定接口的状态。

——查找所有处于打开（up）状态的接口和 IP 地址。

——计算接口的总数。

——在字典中添加 2 个新元素。

10

函数

什么是函数?

- Python 函数是执行特定且定义良好的任务的代码块。

- 函数的两个主要优点是:

  (a) 它们帮助我们将程序分成多个任务,我们可以为每个任务定义一个函数,这使得代码模块化。

  (b) 函数提供了一种重用机制。

- 有两种类型的 Python 函数:

  (a) 内置函数,例如 len( )、sorted( )、min( )、max( )等

  (b) 用户定义的函数

- 下面是一个用户定义的函数的例子:

```
# 函数定义
def fun( ) :
    print('My opinions may have changed')
    print('But not the fact that I am right')
```

函数体必须适当缩进。

- 一个函数可以被调用任意次数。

```
fun( ) # 第一次调用
```

```
fun() # 第二次调用
```

- 当一个函数被调用时，控制权被转移到该函数，它的语句被执行，执行完后控制权被返回到调用开始的位置。

- Python 函数的命名规则：
  ——始终使用小写字母
  ——使用"_"连接多个单词

函数的调用

- 对函数的调用是通过传递给它的形参/实参以及从它返回的值来完成的。

- 向函数传递值并返回值的方法如下所示：

```
def cal_sum(x, y, z) :
    return x+y+z

# 将 10, 20, 30 传递给 cal_sum()，收集它返回的值
s1=cal_sum(10, 20, 30)

# 将 a, b, c 传递给 cal_sum()，收集它返回的值
a, b, c=1, 2, 3
s2=cal_sum(a, b, c)
```

- **return** 语句从函数返回控制权和值。不带表达式的 **return** 语句将返回 **none**。

- 要从一个函数返回多个值，我们可以将多个返回值放入一个列表/元组/集合/字典中，然后将其返回。

- 假设我们将参数 **a**、**b**、**c** 传递给一个函数，然后把它们收集到 **x**、**y**、**z** 中，改变函数体中的 **x**、**y**、**z** 将改变 **a**、**b**、**c**。因此，Python 中的函数是通过引用来调用的。

参数的类型

- Python 函数中的参数有 4 种类型：

  （a）必需参数或位置参数
  （b）关键字参数
  （c）默认参数
  （d）变长参数

- 必需参数必须按正确的位置顺序传递。例如，如果一个函数期望传递给它一个整型数、一个浮点数和一个字符串，那么对这个函数的调用应该是这样的：

```
fun(10, 3.14, 'Rigmlarole') # 正确调用
fun(3.14, 10, 'Rigmlarole') # 顺序不正确，函数不起作用
```

在必需参数中，传递的参数数量必须与接收的参数数量匹配。

- 关键字参数可以不按顺序传递。Python 解释器使用关键字来匹配函数定义中使用的参数所传递的值。

```
def print_it(i, a, str) :
    print(i, a, str)

print_it(10, 3.14, 'Sicilian')  # ok
print_it(a=3.14, i=10, str='Sicilian')  # ok
print_it(str='Sicilian', a=3.14, i=10)  # ok
print_it(str='Sicilian', i=10, a=3.14)  # ok
```

- 如果在调用期间没有传递参数值，默认参数将取默认值。

```
def fun(a, b=100, c=3.14) :
    return a+b+c

x=fun(10) # 将 10 传递给 a, b 仍为 100, c 为 3.14
y=fun(20, 50) # 将 20 和 50 分别传递给 a 和 b, c 仍为 3.14
z=fun(30, 60, 6.28) # 将 30, 60, 6.28 传递给 a, b, c
```

- 顾名思义，变长参数可以用于参数数量不固定的情况。

```
def print_it(*args) :
    print()
    for var in args :
        print(var, end=' ')

print_it(10)  # ok
print_it(10, 3.14)  # ok
print_it(10, 3.14,'Sicilian')  # ok
print_it(10, 3.14, 'Sicilian', 'Punekar')  # ok
```

print_it() 函数定义中使用的 **args** 是一个元组。 * 表明它将包含所有传递给 **print_it()** 函数的参数。

- 在变长参数（args）之前，可以有 0 个或多个普通的位置参数。

```
def print_it(i, a, s='Default string', *args) :
```

```
    print()
    print(i, a, s, end=' ')
    for var in args :
        print(var, end=' ')
print_it(10, 3.14)
print_it(20, a=6.28)
print_it(a=6.28, i=30)
print_it(40, 2.35, 'Nagpur', 'Kolkattan')
```

- 在变长参数之后只允许出现关键字参数。

```
def fun(a, *args, s='!') :
    print(a, s)
    for i in args :
        print(i, s)
fun(10)
fun(10, 20)
fun(10, 20, 30)
fun(10, 20, 30, 40, s='+')
```

在一个函数中可以同时使用 4 种类型的参数。

参数的解包

- 假设一个函数需要位置参数,而要传递的参数在一个列表或元组中。在这种情况下,我们需要在将列表或元组传递给函数之前使用 * 操作符解包。

```
def print_it(a, b, c, d, e) :
    print(a, b, c, d, e)
lst=[10, 20, 30, 40, 50]
tpl=('A', 'B', 'C', 'D', 'E')
print_it(*lst)
print_it(*tpl)
```

- 假设一个函数需要关键字参数,而要传递的参数在一个字典中。在这种情况下,我们需要在将字典传递给函数之前使用 ** 操作符解包。

```
def print_it(name='Sanjay', marks=75) :
    print(name, marks)
d={'name' : 'Anil', 'marks' : 50}
print_it(*d)
```

```
print_it(** d)
```

对 print_it() 的第一次调用将键传递给它,而第二次调用将值传递给它。

lambda 函数

- 普通函数有名称,它们是使用 **def** 关键字定义的。匿名函数没有名称,它们是使用 **lambda** 关键字定义的。

- 使用 **lambda** 定义的匿名函数可以接受任意数量的参数,但只能返回一个值。

  lambda 参数: 表达式

- lambda 函数可以用于任何需要函数对象的地方。通常,它被用作其他函数的参数。

- 传递一个 lambda 函数:

  假设我们希望使用 **sorted()** 函数根据值对字典进行排序,为此,我们需要传递给 **sorted()** 一个匿名函数。

```
d={'Oil' : 230, 'Clip' : 150, 'Stud' : 175, 'Nut' : 35}
# lambda 接受一个字典元素并返回一个值
d1=sorted(d.items(), key=lambda kv : kv[1])
print(d1)
```

排序函数使用了一个参数键。这指定了一个有一个参数的函数,用于对 **sorted()** 的第一个参数中的每个元素进行比较。键的默认值是 **None**,表示第一个参数中的元素将被直接比较。

递归函数

Python 函数可以在其函数体内调用自己。当我们采用这种操作时,则称该函数为递归函数。

```
def fun() :
    # 一些语句
    if condition :
        fun()  # 递归调用
```

- 递归调用总是导致无限循环。所以必须做条件限制来跳出这个无限循环。这是通过在 if 块或 else 块中执行递归调用来实现的。

- 如果在 if 块中进行递归调用,那么 else 块应该包含结束条件逻辑。如果在 else 块中进行递归调用,那么 If 块应该包含结束条件逻辑。

- 在每个函数调用期间都会生成一组新的变量——普通调用和递归调用。

- 当控制权从函数返回时,变量就失效了。

- 递归函数的返回语句可有可无。

- 递归是逻辑循环的一种选择,逻辑循环也可以用其他形式表示。

- 如果你对同一个函数传入多个版本的参数值,然后执行程序的预演,那么理解递归函数是如何工作的就变得很容易了。

p</>>Programs

问题 10.1

编写一个程序,从键盘输入三个整数,并通过用户定义的 **cal_sum_prod( )** 函数计算出它们的和与乘积。

程序

```
def cal_sum_prod(x, y, z) :
    ss=x+y+z
    pp=x *y *z
    return ss, pp

a=int(input('Enter a: '))
b=int(input('Enter b: '))
c=int(input('Enter c: '))
s, p=cal_sum_prod(a, b, c)
print(s, p)
```

输出

```
Enter a: 10
Enter b: 20
Enter c: 30
```

60 6000

小提示

• 一个函数可以元组的形式返回多个值。

问题 10.2

pangram 是一个包含所有英文字母的句子。编写一个程序,通过用户定义的 **ispangram()** 函数来检查给定的字符串是否为 pangram。

程序

```
def ispangram(s):
    alphaset=set('abcdefghijklmnopqrstuvwxyz')
    return alphaset <=set(s.lower())
print (ispangram('The quick brown fox jumps over the lazy dog'))
print (ispangram('Crazy Fredrick bought many very exquisite opal jewels'))
```

小提示

• **set()** 将字符串转化成包含字符串中出现的字母的集合。

• <=检查 **alphaset** 是否是给定字符串的子集。

问题 10.3

编写一个程序,接受一个以连字符分隔的单词序列作为输入并调用 **convert()** 函数,该函数将以连字符分隔的单词序列按照字母顺序排序。例如,如果输入的字符串是:

```
'here-come-the-dots-followed-by-dashes'
```

转化后的字符串应该是:

```
'by-come-dashes-dots-followed-here-the'
```

程序

```
def convert(s1):
    items=[s for s in s1.split('-')]
    items.sort()
```

```
    s2='-'.join(items)
    return s2
s='here-come-the-dots-followed-by-dashes'
t=convert(s)
print(t)
```

小提示

- 我们使用列表推导式创建字符串 s1 中的单词列表。

- **join()**方法返回一个由可迭代对象的元素连接起来的字符串。在本例中，可迭代对象是一个名为 **items** 的列表。

问题 10.4

编写一个 Python 函数来创建并返回一个包含元组（x，x2，x3）的列表，所有的 x 值在 1 到 10 之间（1 和 10 包含在内）。

程序

```
def generate_list():
    lst=list()
    for i in range(1, 11):
        lst.append((i, i ** 2, i ** 3))

    return lst

l=generate_list()
print(l)
```

输出

```
[(1, 1, 1), (2, 4, 8), (3, 9, 27), (4, 16, 64), (5, 25, 125), (6, 36, 216),
(7, 49, 343), (8, 64, 512), (9, 81, 729), (10, 100, 1000)]
```

小提示

- **range(1, 11)**生成由 1 到 10 的数字组成的列表。

- **append()**在每次迭代中向列表添加一个新的元组。

问题 10.5

回文是从两个方向读起来相同的单词或短语。下面是一些回文字符串：

deed
level
Malayalam
Rats live on no evil star
Murder for a jar of red rum

编写一个程序，定义一个 **ispalindrome()** 函数，用于检查给定的字符串是否是回文。检查回文时忽略空格。

程序

```
def ispalindrome(s):
    t=s.lower()
    left=0
    right=len(t)-1

    while right >= left :
        if t[left] == ' ':
            left += 1
        if t[right] == ' ':
            right -= 1
        if t[left] != t[right]:
            return False
        left += 1
        right -= 1
    return True

print(ispalindrome('Malayalam'))
print(ispalindrome('Rats live on no evil star'))
print(ispalindrome('Murder for a jar of red rum'))
```

输出

```
True
True
True
```

小提示

• 由于字符串是不可变的，转换为小写的字符串必须被收集到另一个字符串 **t** 中。

问题 10.6

编写一个程序,定义一个 **convert()** 函数,该函数接收一个字符串,其中包含一个由空格分隔的单词序列,在删除所有重复的单词并按字母数字排序后返回一个字符串。

例如,如果传递给 **convert()** 函数的字符串是:

'Sakhi was a Hindu because her mother was a Hindu, and Sakhi's mother was a Hindu because her father was a Hindu

那么,输出的会是:

Hindu Hindu, Sakhi Sakhi's a and because father her mother was

程序

```
def convert(s):
    words=[word for word in s.split(' ')]
    return ' '.join(sorted(list(set(words))))

s='I felt happy because I saw the others were happy and because
I knew I should feel happy, but I wasn\'t really happy'
t=convert(s)
print(t)

s='Sakhi was a Hindu because her mother was a Hindu, and
Sakhi\'s mother was a Hindu because her father was a Hindu'
t=convert(s)
print(t)
```

输出

I and because but feel felt happy happy, knew others really saw should the wasn't were
Hindu Hindu, Sakhi Sakhi's a and because father her mother was

小提示

• **set()** 自动删除重复数据。

• **list()** 将集合转换成列表。

• **sorted()** 对列表中的数据进行排序并且返回排序后的列表。

• 使用 **join()** 将排序后的数据列表转换成字符串,在每个单词后面附加一个空格,除了最后一个单词。

问题 10.7

编写一个程序,定义一个 **count_alphabets_digits()** 函数,该函数接收一个字符串并计算其中字母和数字的数量。以字典的形式返回这些值。用一些字符串做样本,调用这个函数。

程序

```
def count_alphabets_digits(s):
    d={'Digits':0, 'Alphabets':0}
    for ch in s:
        if ch.isalpha():
            d['Alphabets']+=1
        elif ch.isdigit():
            d['Digits']+=1
        else :
          pass
    return(d)

d=count_alphabets_digits('James Bond 007')
print(d)
d=count_alphabets_digits('Kholi Number 420')
print(d)
```

输出

```
{'Digits': 3, 'Alphabets': 9}
{'Digits': 3, 'Alphabets': 11}
```

小提示

• **pass** 不会执行任何操作。

问题 10.8

• 编写一个程序,定义一个 **pascal_triangle()** 函数,该函数根据传入的参数值显示相应层数的帕斯卡三角。一个五层帕斯卡三角如下所示:

```
        1
      1   1
    1   2   1
  1   3   3   1
1   4   6   4   1
```

程序

```
def pascal_triangle(n) :
    row=[1]
    z=[0]
    for x in range(n) :
        print(row)
        row=[l+r for l, r in zip(row+z, z+row)]
pascal_triangle(5)
```

输出

```
[1]
[1, 1]
[1, 2, 1]
[1, 3, 3, 1]
[1, 4, 6, 4, 1]
```

小提示

• 如果 **n = 5**，**x** 的范围在 0 到 4。

• **row + z** 合并 2 个列表。

• 对于 x=1，row=[1]，z=[0]，通过 zip([1, 0]，[0, 1]) 得到 2 个元组 (1, 0) 和 (0, 1)，l+r 得到 row=[1, 1]

• 对于 x=2，row=[1, 1]，z=[0]，通过 zip([1, 1, 0]，[0, 1, 1]) 得到 3 个元组 (1, 0)、(1, 1) 和 (0, 1)，l+r 得到 [1, 2, 1]

• 对于 x=3，row=[1, 2, 1]，z=[0]，通过 zip([1, 2, 1, 0]，[0, 1, 2, 1]) 得到 4 个元组 (1, 0)、(2, 1)、(1, 2) 和 (0, 1)，l+r 得到 [1, 3, 3, 1]

• 对于 x= 4，row=[1, 3, 3, 1]，z=[0]，通过 zip([1, 3, 3, 1, 0]，[0, 1, 3, 3, 1])

得到 5 个元组 (1, 0)、(3, 1)、(3, 3)、(1, 3) 和 (0, 1),l+r 得到 [1, 4, 6, 4, 1]

问题 10.9

以下数据显示了一个班的学生的姓名、年龄和成绩:

```
Anil, 21, 80
Sohail, 20, 90
Sunil, 20, 91
Shobha, 18, 93
Anil, 19, 85
```

编写一个程序,按照姓名、年龄和分数的顺序以多个键对数据进行排序。

程序

```
import operator
lst=[('Anil', 21, 80), ('Sohail', 20, 90), ('Sunil', 20, 91),
        ('Shobha', 18, 93), ('Anil', 19, 85), ('Shobha', 20, 92)]
print(sorted(lst, key=operator.itemgetter(0, 1, 2)))
print(sorted(lst, key=lambda tpl : (tpl[0], tpl[1], tpl[2])))
```

输出

```
[('Anil', 19, 85), ('Anil', 21, 80), ('Shobha', 18, 93), ('Shobha', 20, 92),
('Sohail', 20, 90), ('Sunil', 20, 91)]
[('Anil', 19, 85), ('Anil', 21, 80), ('Shobha', 18, 93), ('Shobha', 20, 92),
('Sohail', 20, 90), ('Sunil', 20, 91)]
```

小提示

• 因为关于一个学生有多个数据项,所以它们被放入一个元组中。

• 因为有多个学生,所以所有的元组都被放在一个列表中。

• 本例使用了两种排序方法。第一个方法用 **itemgetter()** 指定排序顺序,第二种方法使用了 lambda 来指定排序顺序。

问题 10.10

编写一个程序,定义一个 **frequency()** 函数,该函数计算传递给它的字符串中出现的单词的次数。次数按照字符串中的单词排序返回。

程序

```
def frequency ( s ) :
    freq={ }
    for word in s.split ( ) :
        freq[word]=freq.get(word, 0)+1
    return freq

sentence='It is true for all that that that that \
that that that refers to is not the same that \
that that that refers to'
d=frequency(sentence)
words=sorted(d)

for w in words:
    print ('% s:% d'% (w, d[w]))
```

输出

```
It:1
all:1
for:1
is:2
not:1
refers:2
same:1
that:11
the:1
to:2
true:1
```

小提示

- 我们没有使用 **freq[word]= freq[word]+ 1**,因为我们没有将每个唯一单词的单词计数初始化为 0。

- 当我们使用 **freq.get(word, 0)**,**get( )**对单词进行搜索。如果没有找到下一个,将会返回第二个参数,即 0。因此,对于每个唯一单词的第一次调用,单词计数被正确地初始化为 0。

- **sorted( )**返回字典中已排序的键值列表。

- **w. d[w]**生成存储在字典 **d** 中的单词及其计数。

问题 10.11

编写一个程序,定义两个函数 **create_sent1()** 和 **create_sent2()**。两个函数同时接收下面的三个列表:

```
subjects=['He', 'She']
verbs=['loves', 'hates']
objects=['TV Serials','Netflix']
```

这两个函数都应该通过从这些列表中选择元素并返回它们来形成句子。在 **create_sent1()** 中使用 **for** 循环,在 **create_sent2()** 中使用列表推导式。

程序

```
def create_sent1(sub, ver, obj) :
    lst=[ ]
    for i in range(len(sub)) :
        for j in range(len(ver)) :
            for k in range(len(obj)) :
                sent=sub[i]+' '+ver[j]+' '+obj[k]
                lst.append(sent)
    return lst

def create_sent2(sub, ver, obj) :
    return [(s+' '+v+' '+o) for s in sub for v in ver for o in obj]

subjects=['He', 'She']
verbs=['loves', 'hates']
objects=['TV Serials','Netflix']

lst1=create_sent1( subjects, verbs, objects)
for l in lst1 :
    print(l)

print( )
lst2=create_sent2( subjects, verbs, objects)
for l in lst2 :
    print(l)
```

输出

```
He loves TV Serials
He loves Netflix
He hates TV Serials
He hates Netflix
She loves TV Serials
```

She loves Netflix
She hates TV Serials
She hates Netflix

He loves TV Serials
He loves Netflix
He hates TV Serials
He hates Netflix
She loves TV Serials
She loves Netflix
She hates TV Serials
She hates Netflix

[A] 回答下列问题:

(a) 编写一个程序来定义一个 **count_lower_upper()** 函数,该函数接受一个字符串并计算其中大写字母和小写字母的数量。以字典的形式返回这些值。对一些示例字符串调用这个函数。

(b) 编写一个程序,定义一个 **compute()** 函数来计算 n+nn+nnn+nnnn 的值,其中 n 是函数接收到的数字。用数字 4 和 7 测试函数。

(c) 编写一个程序,定义一个 **create_array()** 函数来创建并返回一个三维数组,该数组的维数被传递给函数。还要将数组中的每个元素初始化为传递给函数的值。

(d) 编写一个程序,定义一个 **create_list()** 函数来创建并返回一个列表,该列表是传递给该函数的两个列表的交集。

(e) 编写一个程序,定义一个 **sanitize_list()** 函数来从它接收到的列表中删除所有重复项。

(f) 通过键盘输入一个 5 位正整数,编写一个递归函数来计算这个 5 位数的数字和。

(g) 通过键盘输入一个正整数,定义一个递归函数来获得输入数字的质因数。

(h) 定义一个递归函数来获得斐波那契数列的前 25 个数字。在斐波那契数列中,连续两项的和就是第三项。以下是斐波那契数列的前几项:

   1　1　2　3　5　8　13　21　34　55　89……

(i) 定义一个递归函数来获得前 25 个自然数的和。

11
模块和包

main 模块

- 模块是一个包含定义和语句的 .py 文件。我们为程序创建的所有 .py 文件都是模块。

- 当我们执行一个程序时，它的模块名是 __**main**__。__**main**__ 存储在变量 __**name**__ 中。

```
def display():
    print('You cannot make History if you use Incognito Mode')

def show():
    print('Pizza is a pie chart of how much pizza is left')

print(__name__)
display()
show()
```

在执行这个程序时，我们得到以下输出：

```
__main__
You cannot make History if you use Incognito Mode
Pizza is a pie chart of how much pizza is left
```

多个模块

- 我们想要创建一个包含多个模块的程序有两个原因：

(a) 将一个大程序分割成多个 .py 文件是有意义的,其中每个 .py 文件可充当一个模块。

　　优点——易于开发和维护

(b) 你可能需要在多个程序中使用一组方便的函数。在这种情况下,我们可以将这些函数保存在一个文件中,并在不同的程序中使用它们,而不用将它们复制到不同的程序文件中。

　　优点——重用现有代码

- 要在当前模块中使用其他模块的定义和语句,我们需要将其“导入”当前模块中。

```
#functions.py
def display():
    print('Earlier rich owned cars, while poor had horses')

def show():
    print('Now everyone has car, while only rich own horses')

#usefunctions.py
import functions
functions.display()
functions.show()
```

- 当我们执行'usefunctions.py',它作为一个名为 **__main__** 的模块运行。

- **import functions** 使在 'functions.py' 文件中定义的函数在 'usefunctions.py' 中可用。

- 一个模块可以导入多个模块。

```
import math
import random
import functions

a=100
b=200
print(__name__)
print(math.sin(0.5))
print(random.randint(30, 45))
functions.display()
functions.show()
```

这里 **__name__** 包含 **__main__**,表明我们正在执行主模块。**random** 和 **math** 是标准模块。

functions 是一个用户定义的模块。

符号表

- 在解释我们的程序时，Python 解释器会创建一个符号表。

- 这个表包含了我们的程序中使用的每个标识符的相关信息。这包括标识符的类型、作用域级别和位置。

- 解释器引用这个表来决定我们的程序对标识符执行的操作是否被允许。

- 例如，如果我们有一个标识符，它的类型在符号表中被标记为 tuple(元组)。在稍后的程序中，如果我们试图修改它的内容，解释器将报告一个错误，因为元组是不可变的。

vars( )函数和 dir( ) 函数

- 有两个有用的全局函数 **vars()** 和 **dir()**。其中，**vars()** 返回一个字典，而 **dir()** 返回一个列表。它们的用法如下：

```
vars( )
vars(module/class/object)
dir( )
dir(module/class/object)
```

以下是这些函数的示例用法：

```
import math
import functions
a=125
s='Spooked'
```

```
print(vars( )) # 打印当前模块中的字典名,包含 a 和 s
print(vars(math))# 打印 math 模块中的字典名
print(vars(functions))# 打印 functions 模块中的字典名
```

```
print(dir( ))# 打印当前模块中的属性列表,包括 a 和 s
print(dir(math))# 打印 math 模块中的属性列表
print(dir(functions))# 打印 functions 模块中的属性列表
```

import 的多种用法

- **import** 语句有多种用法。

```
import math
import random
```

等同于

```
import maths, random
```

- 我们希望可以从模块中导入特定的函数。

```
from maths import sin, cos, tan
from functions import display
from myfunctions import *
```

- 我们可以在导入模块时重命名它。然后我们可以使用新的名称来代替原来的模块名称。

```
import functions as fun
fun.display()
```

或者

```
from functions import display as disp
disp()
```

同样的代码,不同的解释

- 假设我们在'functions.py'中有一个名为 **functions** 的模块。如果这个模块有函数 **display()** 和 **main()**。我们有时想把这个程序作为一个独立的脚本使用,有时只想将 它用作一个模块,可以使用其中的 **display()** 函数。

- 为了实现这一点,我们需要这样写代码:

```
# functions.py
def display() :
     print('Wright Brothers are responsible for 9/11 too')

def main() :
    print('If you beat your own record, you win as well as lose')
    print('Internet connects people at a long distance')
    print('Internet disconnects people at a short distance')
    display()

if ( __name__ == '__main__') :
    main()
```

如果我们将它作为一个独立的程序运行代码，**if** 条件满足，因此，**main()**函数将被调用。这个函数的名称不必是 **main()**。

如果我们将这个模块导入另一个程序中，**if** 条件不满足，那么 **main()**将不会被调用。该程序可以独立地调用 **display()**。

搜索顺序

- 如果我们导入一个名为'myfuncs'的模块，将会按照以下顺序进行搜索。

- 解释器将首先搜索一个名为'myfuncs'的内置模块。

- 如果没有找到这样的模块，那么它将在变量 **sys.path** 给出的目录列表中搜索它。

- **sys.path** 变量中的列表包含脚本执行的目录，然后是 **PYTHONPATH** 环境变量中指定的目录列表。

- 如果需要，我们可以修改 **sys.path** 变量。

- 我们可以使用以下代码打印 **sys.path** 中的目录列表：

```
for p in sys.path:
    print(p)
```

（译者注：在运行上述代码之前需要先执行 import sys。）

全局变量和局部变量

- 我们建议在第 12 章中会详细学习对象。到目前为止，我们只要知道对象是一个包含数据和方法的无名实体就足够了。

- 方法只不过是对象中定义的函数。方法处理对象的数据。

- 我们创建的变量是引用对象的标识符。例如，在 **a=20** 中，**20** 存储在一个无名对象中。这个无名对象的地址存储在标识符 **a** 中。

- 命名空间是标识符（键）及其对应对象（值）的字典。

- 在函数或方法内部使用的标识符属于本地命名空间（local namespace）。

- 在函数或方法外部使用的标识符属于全局命名空间（global namespace）。

- 如果本地标识符和全局标识符具有相同的名称，则本地标识符将覆盖全局标识符。

- Python 假设在函数/方法中被赋值的标识符是本地标识符。

- 如果我们希望在函数/方法中为全局标识符赋值，应该使用 **global** 关键字显式地将变量声明为全局变量。

```python
def fun ( ) :
    # 命名冲突，局部变量 a 覆盖全局变量 a
    a=45

    # 命名冲突，使用全局变量 b
    global b
    b=6.28

    # 使用局部变量 a、全局变量 b 和 s
    # 不需要定义 s 为全局变量，因为它没有被改变
    print(a, b, s)

# 全局标识符
a=20
b=3.14
s='Aabra Ka Daabra'
lst=[10, 20, 30, 40, 50]
fun ( )
```

globals( ) 函数和 locals( ) 函数

- 全局和本地命名空间中的标识符列表可以使用内置函数 **globals()** 和 **locals()** 获得。

- 如果 **locals()** 在一个函数/方法中被调用，它将返回一个可从函数/方法访问的标识符字典。

- 如果 **globals()** 在一个函数/方法中被调用，它将返回一个包含全局标识符的字典，该字典可以从函数/方法访问。

```python
def fun ( ) :
    a=45
    global b
    b=6.28
    print(locals())
    print(globals())
```

```
a=20
b=3.14
s='Aabra Ka Daabra'
fun( )
```

执行该程序,得到下列输出:

```
{'a': 45}
{'a': 20, 'b': 6.28, 's': 'Aabra Ka Daabra'}
```

上面的第二行显示的是经过删节的输出。

包

- 驱动器、文件夹、子文件夹帮助我们组织操作系统中的文件,包帮助我们组织子包和模块。

- 如果一个特定的目录中包含一个名为__init__ .py 的文件,那么它将被视为一个包。目录中可能包含其他子包和模块。__init__.py 文件可以是空的,或者包含包的一些初始化代码。

- 假设有一个名为 **pkg** 的包,其中包含一个名为 **mod.py** 的模块。如果模块包含函数 **f1( )** 和 **f2( )**,那么目录结构和使用 **f1( )** 和 **f2( )** 的程序如下:

```
Directory-  pkg
Contents of pkg directory -  mod.py and __init__.py
Contents of mod.py -  f1( ) and f2( )
Program to use f1( ) and 2( )
# mod.py
def f1( ) :
print('Inside function f1')
def f2( ) :
print('Inside function f2')

# client.py
import pkg.mod
mod.f1( )
mod.f2( )
```

p</>Programs

问题 11.1

假设我们在主模块中定义了两个函数**msg1()**和**msg2()**。当前模块上的**vars()**和**dir()**的输出是什么？你如何获得在两个输出中都存在的名称的列表？哪些名称对于任何一个列表都是唯一的？

程序

```
def msg1() :
    print('Wright Brothers are responsible for 9/11 too')
def msg2() :
    print('Cells divide to multiply')
d=vars()
l=dir()
print(sorted(d.keys()))
print(l)
print(d.keys()-l)
print(l-d.keys())
```

输出

```
['__annotations__', '__builtins__', '__cached__', '__doc__', '__file__',
'__loader__', '__name__', '__package__', '__spec__', 'd', 'l', 'msg1',
'msg2']
['__annotations__', '__builtins__', '__cached__', '__doc__', '__file__',
'__loader__', '__name__', '__package__', '__spec__', 'd', 'msg1', 'msg2']
{'l'}
set()
```

小提示

• **set()**表示一个空集，它表示在**l**中没有不存在于**d**中的内容。

问题 11.2

编写一个 Python 程序，结构如下：

包：

```
messages.funny
```

```
messages.curt
```

模块：

`modf1.py, modf2.py, modf3.py` 在 `messages.funny` 包

`modc1.py, modc2.py, modc3.py` 在 `messages.curt` 包

函数：

`funf1()` 在模块 modf1

`funf2()` 在模块 modf2

`funf3()` 在模块 modf3

`func1()` 在模块 modc1

`func2()` 在模块 modc2

`func3()` 在模块 modc3

在程序 **client.py** 中使用所有的函数。

程序

目录结构如下：

```
messages
    __init__.py
    funny
        __init__.py
        modf1.py
        modf2.py
        modf3.py
    curt
        __init__.py
        modc1.py
        modc2.py
        modc3.py
client.py
```

其中，**messages**、**funny** 和 **curt** 是目录，其余的是文件。所有的 **__init__** **.py** 都是空文件。

```python
# modf1.py
def funf1():
    print('The ability to speak several languages is an asset...')
    print('ability to keep your mouth shut in any language is priceless')
```

```
# modf2.py
def funf2():
    print('If you cut off your left arm...')
    print('then your right arm would be left')
# modf3.py
def funf3():
    print('Alcohol is a solution! ')
# modc1.py
def func1():
    print('The ability to speak several languages is an asset...')
    print('but the ability to keep your mouth shut in any language is
priceless')
# modc2.py
def func2():
    print('There is no physical evidence to say that today is Tuesday...')
    print('We have to trust someone who kept the count since first day')
# modc3.py
def func3():
    print('We spend five days a week pretending to be someone else...')
    print('in order to spend two days being who we are')
# client.py
import messages.funny.modf1
import messages.funny.modf2
import messages.funny.modf3

import messages.curt.modc1
import messages.curt.modc2
import messages.curt.modc3

messages.funny.modf1.funf1()
messages.funny.modf2.funf2()
messages.funny.modf3.funf3()

messages.curt.modc1.func1()
messages.curt.modc2.func2()
messages.curt.modc3.func3()
```

小提示

• 目录结构非常重要。符合包的条件的目录必须包含一个 **__init__.py** 文件。

问题 11.3

重写问题 11.2 的程序中的 import 语句，以更加便捷地使用不同模块的函数。

程序

```
from messages.curt.modc1 import func1
from messages.curt.modc2 import func2
from messages.curt.modc3 import func3

from messages.funny.modf1 import funf1
from messages.funny.modf2 import funf2
from messages.funny.modf3 import funf3

funf1()
funf2()
funf3()

func1()
func2()
func3()
```

小提示

- 优点——对函数的调用不需要点式语法。

- 不足——只能使用指定的导入函数。

问题 11.4

我们可以用 * 符号重写下面的 import 语句吗？

```
from messages.curt.modc1 import func1
from messages.curt.modc2 import func2
from messages.curt.modc3 import func3

from messages.funny.modf1 import funf1
from messages.funny.modf2 import funf2
from messages.funny.modf3 import funf3
```

程序

我们可以使用下面的 import 语句：

```
#client.py
from messages.curt.modc1 import *
from messages.curt.modc2 import *
from messages.curt.modc3 import *
```

```
from messages.funny.modf1 import *
from messages.funny.modf2 import *
from messages.funny.modf3 import *

funf1()
funf2()
funf3()

func1()
func2()
func3()
```

小提示

• 不足——由于每个模块中只有一个函数,所以使用 * 不是很有用。

• 同时, * 不是非常通用,因为它没有指定我们导入的是哪些函数/类。

 *Exercise*

[A] 回答下列问题:

(a) 假设有三个模块 **m1.py**、**m2.py** 和 **m3.py**,分别包含函数 **f1()**、**f2()** 和 **f3()**。你将如何在你的程序中使用这些函数?

(b) 编写一个包含函数 **fun1()**、**fun2()**、**fun3()** 和一些语句的程序。向程序中添加适当的代码,以便可以将其用作模块或普通程序。

(c) 假设模块 **mod.py** 包含函数 **f1()**、**f2()** 和 **f3()**。编写 4 种形式的 import 语句,以在程序中使用这些函数。

[B] 做下列尝试:

(a) 创建多个包和模块的目的是什么?

(b) 在默认情况下,程序中的语句属于哪个模块? 我们如何访问这个模块的名称?

(c) 在下列语句中 **a**、**b**、**c**、**x** 分别代表什么?

```
import a.b.c.x
```

(d) 如果模块 **m** 包含一个函数 **fun()**,下面的语句有什么问题?

```
import m
fun( )
```

(e) 内置函数 **dir()**、**vars()**、**globals()** 和 **locals()** 的作用是什么？

(f) **PYTHONPATH** 变量的内容是什么？如何以编程方式访问它的内容？

(g) **sys.path** 的作用是什么？**sys.path** 中内容的顺序表示什么？

(h) 下列程序的输出是什么？

```
var = 1.1
print(var)

def fun( ) :
    var = 2.2
    print(var)

fun( )
print(var)
```

(i) 下列导入语句是否具有相同的作用？

```
# version 1
import a, b, c

# version 2
import a
import b
import c

# version 3
from a import *
from b import *
from c import *
```

[C] 判断下列陈述是对还是错：

(a) 具有相同名称的变量可能出现在本地命名空间中，也可能出现在全局命名空间中。

(b) 一个函数可以属于一个模块，而模块可以属于一个包。

(c) 一个包可以包含一个或多个模块。

(d) 允许使用嵌套包。

（e）**sys.path** 变量的内容不能修改。

（f）在语句 **import a.b.c** 中，**c** 不能是一个函数。

（g）最好使用 ∗ 来导入模块中定义的所有函数/类。

[D] 配对下列内容：

dir( )	嵌套包
vars( )	标识符及其类型和范围
函数中的变量	返回字典
import a.b.c	本地命名空间
符号表	返回列表
在所有函数之外的变量	全局命名空间

12

类和对象

编程范式

- 范式是指组织一个程序来执行给定任务所依据的原则。

- 结构化编程范式鼓励将给定的任务分解成更小的任务，为每个任务编写函数并实现这些函数的交互。

- 面向对象的编程范式鼓励对象的创建和交互。

- Python 支持结构化和面向对象的编程范式。

什么是类和对象？

- 类包含可以访问或操作这些数据的数据和方法。因此，类允许我们将数据和功能捆绑在一起。

- 类在本质上是通用的，而对象在本质上是特定的。

- 类和对象的例子：

  鸟是一个类。麻雀、乌鸦、鹰都是鸟类的对象。

  玩家是一个类。Sachin、Rahul、Kapil 都是玩家类的对象。

花是一个类。玫瑰花、百合花、非洲菊都是花类的对象。

乐器是一类。锡塔琴、长笛都是乐器类的对象。

- 类和对象的编程示例：

```
i=10                    # i 是 int 类的对象
a=3.14                  # a 是 float 类的对象
s='Sudesh'              # s 是 str 类的对象
lst=[ 10, 20, 30]       # lst 是 list 类的对象
tpl=('a', 'b', 'c')     # tpl 是 tuple 类的对象

int、float、str、list、tuple 是已经存在的类。
```

- 除了使用 **Python** 库的现成类外，我们还可以创建自己的类，通常称为用户定义的数据类型。

- 用户定义的类 **Employee** 可能包含姓名、年龄、工资等数据，以及 **print_data()** 和 **set_data()** 等方法来访问和处理数据。

- 从 **Employee** 类创建的对象具有特定的数据值。因此，每个对象都是类的一个特定实例。对象的创建通常称为实例化。

- 对象中的特定数据通常称为**实例数据**、对象的**状态**或对象的**属性**。

公共和私有成员

- 类的成员（数据和方法）可以从类外部访问。

- 推荐通过类的成员函数访问类中的数据。

- 按照惯例，私有成员以下划线开头，如**_name**、**_age**、**_salary**。

声明类和创建对象

```
class Employee :
    def set_data(self, n, a, s) :
        self._name = n
        self._age = a
        self._salary = s
```

```
    def display_data(self) :
        print(self._name, self._age, self._salary)
e1 = Employee()
e1.set_data('Ramesh', 23, 25000)
e1.display_data()
e2 = Employee()
e2.set_data('Suresh', 25, 30000)
e2.display_data()
```

- 这里我们定义了一个 **Employee** 类，其中有 3 个私有数据成员 **_name**、**_age** 和 **_salary** 以及两个公共方法 **set_data()** 和 **display_data()**。

- **e1 = Employee()** 创建了一个匿名对象并将其地址存储在 **e1** 中。

- 使用语法 **object.method()** 可以调用类的方法。

- 每当我们使用一个对象来调用一个方法时，对象的地址都会隐式地传递给该方法。这个地址由方法在一个名为 **self** 的变量中收集。

- **self** 就像 **C++** 的指针或者 **Java** 的引用。可以使用任何其他变量名来代替 **self**。

- **e1.set_data('Ramesh',23,25000)** 调用了 **set_data()** 方法。传递给这个方法的第一个参数是对象的地址，后面是名称、年龄和薪水。

- 当使用 **e1** 调用 **set_data()** 时，**self** 包含第一个对象的地址。同样，当使用 **e2** 调用 **set_data()** 时，**self** 包含第二个对象的地址。

- **Employee** 类中的数据，如 **_name**、**_age**、**_salary**，被称为实例数据，而 **set_data()** 和 **display_data()** 方法被称为实例方法。

- 原则上，每个对象都有实例数据和实例方法。

- 实际上，每个对象都有实例数据，而方法在对象之间共享。

- 共享是公平的，不同的对象，方法保持不变。

对象初始化

```
class Employee :
```

```
    def set_data(self, n, a, s) :
        self._name=n
        self._age=a
        self._salary=s

    def display_data(self) :
        print(self._name, self._age, self._salary)

    def __init__(self, n=' ', a=0, s=0.0) :
        self._name=n
        self._age=a
        self._salary=s

    def __del__(self) :
        print('Deleting object'+str(self))
e1=Employee('Ramesh', 23, 25000)
e1.display_data()
e2=Employee()
e2.set_data('Suresh', 25, 30000)
e2.display_data()
```

执行该程序,得到的输出如下:

```
Ramesh 23 25000
Suresh 25 30000
Deleting object< __main__.Employee object at 0x013F6810>
Deleting object< __main__.Employee object at 0x013F65B0>
```

- 有两种方法来初始化对象:

  方法 1 :使用 **get_data() / set_data()** 等方法

  优点——数据得到保护,不受类外面环境干扰。

  方法 2 :使用特殊的成员函数**__init__()**

  优点——保证初始化的执行,因为在创建对象时总是调用**__init__()**。

- **__init__()**与 C++/Java 中的构造函数类似。

- 当创建一个对象时,在内存中分配空间并调用**__init__()**。因此,对象的地址被传递给了**__init__()**。

- **__init__()**不返回任何值。

- **__init__( )**在对象的整个生命周期中只被调用一次。

- 如果我们没有定义**__init__()**,Python 将提供一个默认的**__init__()**方法。

- 一个类可以同时有**__init__( )**和**set_data( )**。

  __init__( )——初始化对象

  set_data( )——修改对象

- **__init__()**的参数可以采用默认值。在我们的程序中,它们在创建对象 **e2** 时被使用。

- 当对象超出作用域时,**__del__( )**将自动调用。清理工作(如果有)应该在**__del__()**中完成。

- **__del__( )**与 C++中的析构函数类似。

类的变量和方法

- 如果我们希望在一个类的所有对象之间共享一个变量,我们必须将该变量声明为类变量或类属性。

- 要声明一个类变量,我们必须创建一个不加 sefl 前缀的变量。

- 类变量不会成为类对象的一部分。

- 可以使用语法 **classname.varname** 访问类变量。

- 与实例方法相比,类方法是不接收 **self** 参数的方法。

- 可以使用语法 **classname.methodname( )**访问类方法。

- 类变量可用于统计从一个类创建了多少个对象。

- 类变量和类方法就像 C++/Java 中的静态成员。

访问对象和类的属性

```
class Fruit :
    count=0
```

```
    def __init__(self, name=' ', size=0, color=' ') :
        self._name=name
        self._size=size
        self._color=color
        Fruit.count+=1

    def display() :
        print(Fruit.count)
f1=Fruit('Banana', 5, 'Yellow')
print(vars(f1))
print(dir(f1))
```

执行这个程序，我们得到以下输出：

```
{'_Fruit__name': 'Banana', '_Fruit__size': 5, '_Fruit__color': 'Yellow'}

['__class__', '__delattr__', '__dict__', '__dir__', '__doc__', '__eq__',
'__format__', '__ge__', '__getattribute__', '__gt__', '__hash__',
'__init__', '__init_subclass__', '__le__', '__lt__', '__module__', '__ne__',
'__new__', '__reduce__', '__reduce_ex__', '__repr__', '__setattr__',
'__sizeof__', '__str__', '__subclasshook__', '__weakref__',
'_Fruit__color', '_Fruit__name', '_Fruit__size', 'count', 'display']
```

- 可以使用 **vars()** 内置函数获得特定对象的属性，它们以字典的形式返回。

- 可以使用 **dir()** 内置函数获得类的属性，它们以列表的形式返回。

p</>Programs

问题 12.1

编写一个程序，创建一个名为 **Fruit** 的类，它具有 **size** 和 **color** 属性。创建这个类的多个对象。报告从这个类创建了多少个对象。

程序

```
class Fruit :
    count=0

    def __init__(self, name=' ', size=0, color=' ') :
        self._name=name
        self._size=size
        self._color=color
        Fruit.count+=1
```

```
    def display ( ) :
        print (Fruit.count)
f1=Fruit('Banana', 5, 'Yellow')
f2=Fruit('Orange', 4, 'Orange')
f3=Fruit('Apple', 3, 'Red')
Fruit.display ( )
print (Fruit.count)
```

输出

```
3
3
```

小提示

- **count** 是一个类属性，而不是一个对象属性，所以它在所有的 **Fruit** 对象共享。

- **count** 可被初始化为 **count=0**，但是必须使用 **Fruit.count** 来访问它。

问题 **12. 2**

编写一个程序来判断两个对象是否具有相同的类型、相同的属性以及是否指向相同的对象。

程序

```
class Complex :
    def __init__(self, r=0.0, i=0.0) :
        self._real=r
        self._imag=i

    def __eq__(self, other ) :
        if self._real==other.__real and self._imag==other.__imag :
            return True
        else :
            return False

c1=Complex(1.1, 0.2)
c2=Complex(2.1, 0.4)
c3=c1
if c1==c2 :
    print ('Attributes of c1 and c2 are same')
```

```
else :
    print('Attributes of c1 and c2 are different')
if type(c1)==type(c3) :
    print('c1 and c3 are of same type')
else :
    print('c1 and c3 are of different type' )
if c1 is c3 :
    print('c1 and c3 are pointing to same object')
else :
    print('c1 and c3 are pointing to different objects' )
```

输出

```
Attributes of c1 and c2 are different
c1 and c3 are of same type
c1 and c3 are pointing to same object
```

小提示

- 为了比较两个 **Complex** 对象的属性,通过定义**__eq__()**函数重载了== 操作符。操作符重载将在第 13 章详细阐述。

- **type()**用于获取对象的类型。可以使用== 操作符比较类型。

- **is** 关键词用于检查 **c1** 和 **c3** 是否指向同一个对象。

问题 12.3

编写一个 Python 程序来显示整数、浮点数和函数对象的属性,并展示如何使用这些属性。

程序

```
def fun() :
    print('Everything is an object')

print(dir(55))
print(dir(-5.67))
print(dir(fun))
print((5).__add__(6))
print((-5.67).__abs__())
d=globals()
```

```
d['fun'].__call__()
```

输出

```
['__abs__', '__add__', '__and__', '__bool__', '__ceil__', ...]
['__abs__', '__add__', '__bool__', '__class__', '__delattr__', ...]
['__annotations__', '__call__', '__class__', '__closure__', ... ]
11
5.67
Everything is an object
```

小提示

- 输出显示了 **int**、**float** 和 **function** 对象的属性的不完整列表。

- 在这段程序中,我们使用了属性**__add__()**来添加两个整数,用**__abs__()**来获得浮点数的绝对值,用**__call__()**来调用函数 **fun()**。

- **globals()**返回一个表示当前全局符号表的字典。从这个字典中,我们选择了代表 **fun** 函数的对象,并使用它来调用**__call__()**。这导致 **fun()** 函数被调用。

Exercise

[A] 判断下列陈述是对是错:

(a) 类属性和对象属性是相同的。

(b) 当同一类的所有对象必须共享一个公共信息项时,类数据成员是有用的。

(c) 如果一个类有一个数据成员,并且从这个类创建了三个对象,那么每个对象都有自己的数据成员。

(d) 一个类可以有类数据,也可以有类函数。

(e) 通常,类中的数据是私有的,可以通过类的公共成员函数访问/操作数据。

(f) 类的成员函数必须被显式调用,而构造函数则被自动调用。

(g) 每当对象被实例化时,就会调用构造函数。

(h) 构造函数从不返回值。

(i) 当一个对象超出作用域时,它的析构函数被自动调用。

(j) **self** 变量总是包含访问方法/数据所使用的对象的地址。

(k) 即使在类之外,也可以使用 **self** 变量。

(l) 构造函数只在对象的生命周期内被调用。

(m) 默认情况下,类中的实例数据和方法是公共的。

(n) 类中有 2 种构造函数——0 个参数的构造函数和 2 个参数的构造函数。

[B] 回答下列问题:

(a) 类中的哪些方法充当了构造函数和析构函数?

(b) 函数 **vars()** 和 **dir()** 之间的区别是什么?

(c) 在下面的代码段中创建了多少个对象?
```
a=10 ; b=a ;
c=b
```

(d) 变量 **age** 和 **_age** 之间的区别是什么?

[C] 做下列尝试:

(a) 编写一个程序,创建一个类来表示包含实部和虚部的复数,然后用它来执行复数的加法、减法、乘法和除法。

(b) 编写一个程序,实现一个 **Matrix** 类,并对一个 3×3 矩阵执行加法、乘法和转置操作。

(c) 编写一个程序来创建一个类,可以计算立方体的表面积和体积。类可以接受与立方体相关的数据。

(d) 编写一个程序来创建一个类,可以计算规则形状的周长和面积。类可以接受与形状相关的数据。

(e) 编写一个程序,创建并使用一个 **Time** 类来执行各种时间算术运算。

13

复杂的类和对象

标识符的命名规则

- 我们已经为许多东西创建了标识符——普通变量、函数、类、实例数据、实例方法、类数据和类方法。

- 在创建标识符时,最好遵循以下约定:

(a) 类名——以大写字母开头。

例如:Employee, Fruit, Bird, Complex, Tool, Machine

(b) 所有其他标识符——以小写字母开头。

例如:real, imag, name, age, salary, printit(),display()

(c) 私有标识符——以一个前导下划线开头。

例如:_name, _age, _set_data(), _get_errors()

Python 没有关键字 private 或 public 来将属性标记为私有的或公有的。因此,按照惯例,以下划线开头的属性/方法表示你不可以从类外部来访问它。

(d) 强私有标识符——以两个前导下划线开头(通常称为 dunderscore,为 double underscore 的缩写）。

例如：__set_data( ), __get_data( )

这种名称与叫作继承（在第 13 章中讨论）的面向对象概念相关。当你创建一个以__开头的方法时，你在表达不希望任何人覆盖它，它只可以从自己的类内部被访问。

（e）Python 语言定义的特殊名称——以两个下划线开头和结尾。

例如：__init__( ), __del__( ), __add__( ), __sub__( )

创建标识符时不要使用这些名称。它们是 Python 调用的方法。

（f）关键字——不要使用它们作为标识符的名称。

函数和方法的调用

```
def printit( ) :
    print('Opener')
class Message :
    def display(self, msg) :
        printit( )
        print(msg)

    def show( ) :
        printit( )
        print('Hello')
display( )    # 该调用将报错

m=Message( )
m.display('Good Morning' )
Message.show( )
```

执行这个程序，我们得到以下输出：

```
Opener
Good Morning
Opener
Hello
```

• 类方法 **show()** 不接收 **self**，而实例方法 **display()** 接收 **self**。

• 全局函数 **printit()** 可以调用类方法 **show()** 和实例方法 **display()**。

- 类方法和实例方法可以调用全局函数 **printit()**。

- 类方法 **show()** 不能调用对象方法 **display()**，因为 **show()** 不接收 **self** 参数。如果没有这个参数，**display()** 将不知道它应该与哪个对象一起工作。

- 如果 **printit()** 需要，它可以调用类方法和实例方法。

- 类方法和实例方法也可以从另一个类的方法中调用。这样做的语法保持不变：

```
m2=Message( )
m2.display('Good Afternoon')
Message.show( 'Hi' )
```

操作符重载

```
class Complex :
    def __init__(self, r=0.0, i=0.0) :
        self._real=r
        self._imag=i

    def __add__(self, other ) :
        z=Complex( )
        z._real=self._real+other._real
        z._imag=self._imag+other._imag
        return z

    def __sub__(self, other ) :
        z=Complex( )
        z._real=self._real-other._real
        z._imag=self._imag-other._imag
        return z

    def display(self) :
        print(self._real, self._imag)

c1=Complex(1.1, 0.2)
c2=Complex(1.1, 0.2)
c3=c1+c2
c3.display( )
c4=c1-c2
c4.display( )
```

- 由于 **Complex** 是一个用户定义的类，所以 Python 不知道如何添加该类的对象。我们可以通过重载+操作符来教它怎么做。

- 要重载+操作符,我们需要在 **Complex** 类中定义**__add__()**函数。

- 同样,为了重载−操作符,我们需要定义**__sub__()**函数来执行两个 **Complex** 对象的减法。

- 在表达式 **c3=c1+c2** 中,**c1** 在 **self** 中可用,而 **c2** 在 **other** 中收集。

下面是我们可以重载的操作符的列表,以及我们需要定义的它们的等价函数:

```
# 算术操作符
+           __add__(self, other)
-           __sub__(self, other)
*           __mul__(self, other)
/           __truediv__(self, other)
%           __mod__(self, other)
**          __pow__(self, other)
//          __floordiv__(self, other)

# 比较操作符
<           __lt__(self, other)
>           __gt__(self, other)
<=          __le__(self, other)
>=          __ge__(self, other)
=           __eq__(self, other)
!=          __ne__(self, other)

# 复合赋值操作符
=           __isub__(self, other)
+=          __iadd__(self, other)
*=          __imul__(self, other)
/=          __idiv__(self, other)
//=         __ifloordiv__(self, other)
%=          __imod__(self, other)
**=         __ipow__(self, other)
```

- 与许多其他语言如 C++、Java 等不同,Python 不支持函数重载。这意味着程序中的函数名或类中的方法名必须是唯一的。

一切皆是对象

```
import math
class Message :
```

```
    def display(self, msg):
        print(msg)

def fun():
    print('Everything is an object')
i=45
a=3.14
c=3+2j
city='Nagpur'
lst=[10, 20, 30]
tup=(10, 20, 30, 40)
s={'a', 'e', 'i', 'o', 'u'}
d={'Ajay' : 30, 'Vijay' : 35, 'Sujay' : 36}

print(type(i), id(i))
print(type(a), id(a))
print(type(c), id(c))
print(type(city), id(city))
print(type(lst), id(lst))
print(type(tup), id(tup))
print(type(s), id(s))
print(type(d), id(d))
print(type(fun), id(fun))
print(type(Message), id(Message))
print(type(math), id(math))
```

执行这些程序，我们得到以下输出：

```
<class 'int'> 495245808
<class 'float'> 25154336
<class 'complex'> 25083752
<class 'str'> 25343392
<class 'list'> 25360544
<class 'tuple'> 25317808
<class 'set'> 20645208
<class 'dict'> 4969744
<class 'function'> 3224536
<class 'type'> 25347040
<class 'module'> 25352448
```

- 在 Python 中，每个实体都是一个对象。这包括整数、浮点数、布尔值、复数、字符串、列表、元组、集合、字典、函数、类、方法和模块。

- **type()** 函数返回对象的类型，而 **id()** 函数返回对象在内存中的位置。

- 有些对象是可变的,有些则不是。此外,所有对象都有一些属性和方法。

- 同一个对象可以有多个名称。我们可以改变对象的名称,并使用另一个名称进行访问。

```
i=20
j=i # 对象 i 的另一个名称
k=i # 相同对象的另一个名称
k=30
print (i, j)   # 将打印 20 20,因为 i, j, k 都指向同一个对象
```

- **x** 和 **y** 是不同的对象,所以改变一个并不会改变另一个。

```
x=20
y=20
```

模仿一个结构

```
class Bird :
    pass

b=Bird( )

# 动态地创建属性
b.name='Sparrow'
b.weight=500
b.color='light brown'
b.animaltype='Vertebrate'

# 修改属性
b.weight=450
b.color='brown'

# 删除属性
del b.animaltype
```

- 在 C 语言中,如果我们希望将不同但相关的数据放在一起,我们就创建一个结构。

- 在 Python 中,我们也可以通过创建一个仅仅是属性(而不是方法)集合的类来实现这一点。

- 而且,与 C＋＋和 Java 不同,Python 允许我们动态地对类/对象添加/删除/修改这些属性。

- 在我们的程序中，在创建 **Bird** 对象之后，我们添加了 4 个属性，修改了 2 个属性，删除了 1 个属性，这些都是动态进行的。

数据转换

- 存在三种不同类型的数据转换。它们是：

   (a) 不同内置类型之间的转换

   (b) 内置类型和用户定义类型之间的转换

   (c) 不同用户定义类型之间的转换

- 不同内置类型之间的转换

```
i=125
a=float(i)    # 整型转换成浮点型
b=3.14
j=int(b)      # 浮点型转换成整型
```

- 内置类型和用户定义类型之间的转换

   下面的程序演示了如何将用户定义的 **String** 类型转换为内置的 int 类型。**__int__()** 被重载来执行从 **str** 到 **int** 的转换。

```
class String :
    def __init__(self, s='') :
        self._str=s

    def display(self) :
        print(self._str)

    def __int__(self) :
        return int( self._str )
s1=String(123) # 从 int 到 String 的转换
s1.display( )
i=int(s1)#  从 string 到 int 的转换
print(i)
```

- 不同用户定义类型之间的转换

   下面的程序演示了如何将用户定义的 **DMY** 类型转换为另一个用户定义的 **Date** 类型。

__Date__( ) 被重载来执行从 **DMY** 到 **Date** 的转换。

```
class Date :
    def __init__(self, s='') :
        self._dt=s

    def display(self) :
        print(self._dt)

class DMY :
    def __init__(self, d=0, m=0, y=0 ) :
        self._day=d ;
        self._mth=m ;
        self._yr=y ;

    def __Date__( ) :
        s=str(self._day)+'/'+str(self._mth)+'/'+str(self._yr)
        return Date(s)

    def display(self) :
        print(self._day,'/', self._mth,'/', self._yr)

d2=DMY( 17, 11, 94 )
d1=d2 ;
print('d1=', end='')
d1.display( )
print('d2=', end='')
d2.display( )
```

文档字符串

- 在函数、模块、类或方法定义下面使用文档字符串（通常称为 doscstring）是一个好主意。它应该在 **def** 或 **class** 语句下面的第一行。

- 文档字符串在属性 **__doc__** 中可用。

- 单行文档字符串需要写在三重引号内。

- 多行文档字符串一般包含一个摘要行，后面跟一个空白行，后面再跟一个详细的注释。

- 多行文档字符串也写在三重引号内。

- 使用 **help()** 方法，我们可以系统地打印函数/类/方法文档。

迭代器

• 我们知道像 string、list、tuple、set、dictionary 等容器对象可以使用 **for** 循环迭代。

```
for ch in 'GoodAfternoon'
    print(ch)
for num in [01, 20, 30, 40, 50]
    print(num)
```

这两个 **for** 循环都调用了 **str/list** 的 **__iter__()** 方法。这个方法返回一个迭代器对象。迭代器对象有一个方法 **__next__()**，该方法返回 **str/list** 容器中的下一项。

当所有项都被迭代后，下一次调用 **__next__()** 将引发一个 **StopIteration** 异常，该异常将告诉 **for** 循环终止。异常将在第 15 章讨论。

• 我们也可以调用 **__iter__()** 和 **__next__()**，得到相同的结果。

```
lst=[10, 20, 30, 40]
i=lst.__iter__()
print(i.__next__())
print(i.__next__())
print(i.__next__())
```

• 我们可以调用更方便的 **iter()** 和 **next()** 来代替调用 **__iter__()** 和 **__next__()**。这两个函数分别调用 **__iter__()** 和 **__next__()**。

```
lst=[10, 20, 30, 40]
  i=iter(lst)
print(next(i))
print(next(i))
print(next(i))
```

注意，一旦我们迭代了一个容器，如果想要再次迭代它，必须重新获得一个迭代器对象。

• 可迭代对象是一个能够一次返回一个成员的对象。通过编程，它是一个在其内部实现了 **__iter__()** 的对象。

• 迭代器是一个同时在其内部实现了 **__iter__()** 和 **__next__()** 的对象。

• 为了证明可迭代对象包含了 **__iter__()**，而迭代器同时包含了 **__iter__()** 和

__next__()，我们可以使用 **hasattr()** 全局函数来验证。

```
s='Hello'
lst=['Focussed', 'bursts', 'of', 'activity']
print(hasattr(s, '__iter__'))
print(hasattr(s, '__next__'))
print(hasattr(lst, '__iter__'))
print(hasattr(lst, '__next__'))
i=iter(s)
j=iter(lst)
print(hasattr(i, '__iter__'))
print(hasattr(i, '__next__'))
print(hasattr(j, '__iter__'))
print(hasattr(j, '__next__'))
```

执行这个程序，我们得到以下输出：

```
True
False
True
False
True
True
True
True
```

用户定义的迭代器

- 假设我们希望类能够实现迭代器的功能。为此，我们需要在类中定义 **__iter__()** 和 **__next__()**。

- 迭代器类 **AvgAdj** 会维护一个列表。当它被迭代时，会返回列表中两个相邻数字的平均值。

```
class AvgAdj :
    def __init__(self, data) :
        self._data=data
        self._len=len(data)
        self._first=0
        self._second=1

    def __iter__(self) :
```

```
        return self

   def __next__(self) :
       if self._second==self._len :
           raise StopIteration

       self._avg=(self._data[self._first]+self._data[self._second])/2
       self._first+=1
       self._second+=1
       return self._avg
lst=[10, 20, 30, 40, 50, 60, 70]
coll=AvgAdj(lst)

for val in coll :
    print(val)
```

执行这个程序，我们得到以下输出：

```
15.0
25.0
35.0
45.0
55.0
65.0
```

- **__iter__( )** 应该返回一个在其内部实现了 **__next__( )** 的对象。由于我们在 **AvgAdj** 类中定义了 **__next__( )**，因此我们会从 **__iter__( )** 返回 **self**。

- **lst** 的长度是 7，而其中元素的索引是从 0 到 6。

- 当 **self._second** 为 **7** 时，意味着我们到达了列表的结尾，不可能做进一步的迭代。在这种情况下我们引发了一个 **StopIteration** 异常。

生成器

- 生成器是一个用于创建迭代器的非常高效的函数。当生成器希望从函数返回数据时，它们使用 **yield** 语句而不是 **return**。

- 生成器的特殊之处在于，当 **yield** 被执行时，它会记住函数的状态以及执行的最后一条语句。

- 因此，每次调用 **next()** 时，它都会从上次中断的地方恢复。

- 生成器可以用来代替我们在上一节中看到的基于类的迭代器。

- 生成器非常简洁，因为 **__iter__( )**、**__next__( )** 和 **StopIteration** 代码是自动创建的。

```
def AvgAdj(data) :
    for i in range(0, len(data)-1) :
        yield (data[i]+data[i+1])/ 2
lst=[10, 20, 30, 40, 50, 60, 70]
for i in AvgAdj(lst) :
        print(i)
```

执行这个程序，我们得到以下输出：

```
15.0
25.0
35.0
45.0
55.0
65.0
```

何时使用可迭代对象和迭代器/生成器

- 假设我们从一个包含 100 个整数的列表中返回一个包含素数元素的实体。在这种情况下，我们将返回一个包含一个素数列表的可迭代对象。

- 假设我们想要把 300 万以下的所有质数相加。在这种情况下，首先创建一个所有质数的列表，然后将它们相加，这将消耗大量内存。因此，我们应该编写一个迭代器类或生成器函数来动态地生成质数并对其进行求和运算。

生成器表达式

- 与列表推导式类似，为了使代码更紧凑、更简洁，我们可以编写紧凑的生成器表达式。

- 生成器表达式动态地创建一个生成器，而不需要使用 **yield** 语句。

- 下面给出了一些生成器表达式的示例。

```
# 生成 10 到 100 之间的 20 个随机数
print(max(random.randint(10, 100) for n in range(20)))
```

```
# 打印所有小于 20 的数字的立方和
print(sum(n * n * n for n in range(20)))
```

- 注意,不像列表推导式用[]包围,生成器表达式写在()中。

- 由于列表推导式返回一个列表,因此它比生成器表达式消耗更多的内存。生成器表达式占用的内存更少,因为它根据需要生成下一个元素,而不是预先生成所有元素。

```
import sys
lst=[i * i for i in range(15)]
gen=(i * i for i in range(15))
print(lst)
print(gen)
print(sys.getsizeof(lst))
print(sys.getsizeof(gen))
```

执行这个程序,我们得到以下输出:

```
[0, 1, 4, 9, 16, 25, 36, 49, 64, 81, 100, 121, 144, 169, 196]
<generator object <genexpr>  at 0x003BD570>
100
48
```

- 生成器表达式虽然很有用,但是它没有功能完备的生成器函数那样强大。

p</> Programs

问题 13.1

编写一个 Python 函数 **display()** 来显示一条消息,一个 **show(msg1, msg2)** 函数来显示小写的 **msg1** 和大写的 **msg2**。对于 **display()** 使用单行文档字符串,对于 **show()** 使用多行文档字符串。显示两个文档字符串。另外,生成这两个函数的帮助信息。

程序

```
def display() :
    """Display a message."""
    print('Hello')
    print(display.__doc__)

def show(msg1=' ', msg2=' ') :
    """Display 2 messages.

    Arguments:
```

```
    msg1 -- message to be displayed in lowercase (default ' ')
    msg2 -- message to be displayed in uppercase (default ' ')
    """

    print(msg1.lower())
    print(msg2.upper())
    print(show.__doc__)
display()
show('Cindrella', 'Mozerella')
help(display)
help(show)
```

输出

```
Hello
Display a message.
cindrella
MOZERELLA
Display 2 messages.

    Arguments:
    msg1 -- message to be displayed in lowercase (default ' ')
    msg2 -- message to be displayed in uppercase (default ' ')

Help on function display in module __main__:

display()
    Display a message.

Help on function show in module __main__:

show(msg1=' ', msg2=' ')
    Display 2 messages.

    Arguments:
    msg1 -- message to be displayed in lowercase (default ' ')
    msg2 -- message to be displayed in uppercase (default '')
```

问题 13.2

创建一个包含天气参数列表的类 **Weather**。定义一个重载的 in 操作符,该操作符用于检查列表中是否存在特定项。

程序

```
class Weather :
```

```
    def __init__(self) :
        self._params=['Temp', 'Rel Hum', 'Cloud Cover', 'Wind Vel']
    def __contains__(self, p) :
        return True if p in self._params else False
w=Weather()
if 'Rel Hum' in w :
    print('Valid weather parameter')
else :
    print('Invalid weather parameter')
```

输出

```
Valid weather parameter
```

小提示

• 为了重载 **in** 操作符,我们需要定义__**contains__**()函数。

问题 13.3

编写一个程序来证明列表是迭代对象而不是迭代器。

程序

```
lst=[10, 20, 30, 40, 50]
print(dir(lst))
i=iter(lst)
print(dir(i))
```

输出

```
['__add__', '__class__', '__contains__', '__delattr__', '__delitem__',
'__dir__', '__doc__', '__eq__', '__format__', '__ge__', '__getattribute__',
'__getitem__', '__gt__', '__hash__', '__iadd__', '__imul__', '__init__',
'__init_subclass__', '__iter__', '__le__', '__len__', '__lt__', '__mul__',
'__ne__', '__new__', '__reduce__', '__reduce_ex__', '__repr__',
'__reversed__', '__rmul__', '__setattr__', '__setitem__', '__sizeof__',
'index', 'insert', 'pop', 'remove', 'reverse', 'sort']

['__class__', '__delattr__', '__dir__', '__doc__', '__eq__', '__format__',
'__ge__', '__getattribute__', '__gt__', '__hash__', '__init__',
'__init_subclass__', '__iter__', '__le__', '__length_hint__', '__lt__',
'__ne__', '__new__', '__next__', '__reduce__', '__reduce_ex__',
```

```
'__repr__' , '__setattr__' , '__setstate__' , '__sizeof__' , '__str__' ,
'__subclasshook__' ]
```

小提示

- **lst** 是一个迭代对象,因为 **dir(lst)** 显示了 **__iter__** 但是没有显示 **__next__**。

- **iter(lst)** 返回一个迭代器对象,该对象被收集在 **i** 中。

- **dir(i)** 显示了 **__iter__** 和 **__next__**,这表明它是一个迭代器对象。

问题 13.4

编写一个程序,生成 300 万以下的质数。打印这些质数的和。

程序

```
def generate_primes ( ) :
    num=1
    while True :
        if isprime (num) :
            yield num
        num+=1

def isprime ( n ) :
    if n>1 :
        if n==2 :
            return True
        if n % 2==0 :
            return False
        for i in range (2, n // 2) :
            if n%i==0 :
                return False
            else :
                return True
    else :
        return False

total=0
for next_prime in generate_primes ( ) :
    if next_prime < 300000 :
        total+=next_prime
    else:
```

```
print(total)
exit()
```

输出

3709507114

小提示

- **exit()**终止程序的执行。

问题 13.5

编写一个程序,使用生成器表达式打印从 0 到 120 度角的 sin、cos 和 tan 表,以 30 度为步长。

程序

```
import math
pi=3.14
sine_table={ang : math.sin(ang * pi/180) for ang in range(0, 120, 30)}
cos_table={ang : math.cos(ang * pi/180) for ang in range(0, 120, 30)}
tan_table={ang : math.tan(ang * pi/180) for ang in range(0, 120, 30)}
print(sine_table)
print(cos_table)
print(tan_table)
```

输出

{0: 0.0, 30: 0.4997701026431024, 60: 0.8657598394923444, 90:
0.9999996829318346}
{0: 1.0, 30: 0.866158094405463, 60: 0.5004596890082058, 90:
0.0007963267107332633}
{0: 0.0, 30: 0.5769964003928729, 60: 1.72992922008979, 90:
1255.7655915007897}

小提示

- **exit()**终止程序的执行。

 Exercise

[A] 判断下列陈述是对还是错：

(a) 要实现从对象到基本类型的转换或从基本类型到对象的转换,必须提供转换函数。

(b) 要实现从一个用户定义类型的对象到另一个用户定义类型的对象的转换,必须提供转换函数。

(c) 全局函数既可以调用类方法,也可以调用实例方法。

(d) 在 Python 中,函数、类、方法和模块都被视为对象。

(e) 生成器是一个函数,其实现的功能与迭代器相同。

[B] 回答下列问题：

(a) 应该定义哪些函数来重载+和−操作符?

(b) 应该定义哪些函数来重载/和//操作符?

(c) **id()** 函数的作用是什么?

(d) 如何动态定义一个包含属姓名、年龄、工资、地址、爱好等属性的类 **Employee**?

(e) 是否必须在 **def** 语句下面立即提到函数的文档字符串?

[C] 配对下列各项：

不能用作标识符名称	类名
basic_salary	类变量
CellPhone	关键字
count	函数中的局部变量
self	私有变量
_fuel_used	强私有标识符
__draw()	Python 调用的方法
__iter__()	只在实例函数中有意义

[D] 做下列尝试：

（a）编写一个程序，使用生成器从通过键盘输入的一行字符中创建一组唯一的单词。

（b）编写一个程序，使用生成器从包含多个学生的元组中找出学生获得的最高分数和该学生的姓名。

（c）编写一个程序，使用生成器按照字符串相反的顺序生成字符。

（d）编写一个程序，将 **DMY** 对象维护的日期转换为 **date** 对象中的日期。在 **Date** 类中定义转换函数。

重用机制

- 与其重新创建已经可用的相同代码,不如重用现有的代码。

- Python 允许两种代码重用机制:

  (a) 包含(containership)机制
  (b) 继承(inheritance)机制

- 在这两种机制中,我们都可以重用现有的类并基于它们创建新的增强类。

- 即使现有类的源代码不可用,我们也可以重用它们。

分别在什么时候使用?

- 当两个类是"有一个"关系时,使用包含机制。例如,一个学校(College)有多名教授(Professor),所以 **College** 类的对象可以包含一个或多个 **Professor** 类的对象。

- 当两个类是"像一个"关系时,使用继承机制。例如,一个按钮(Button)就像一个窗口(Window),所以 **Button** 类可以继承一个已经存在的 **Window** 类的特性。

包含机制

- 包含关系也称为组合关系。除了其他数据，一个容器可以包含一个或多个被包含的对象。

```python
class Department :
    def set_department(self) :
        self._id=input('Enter department id:')
        self._name=input('Enter department name:')

    def display_department(self) :
        print('Department ID is:', self._id)
        print('Department Name is:', self._name)

class Employee :
    def set_employee(self) :
        self._eid=input('Enter employee id:')
        self._ename=input('Enter employee name:')
        self._dobj=Department()
        self._dobj.set_department()

    def display_employee(self) :
        print('Employee ID :', self._eid)
        print('Employee Name :', self._ename)
        self._dobj.display_department()

obj=Employee()
obj.set_employee()
obj.display_employee()
```

以下是与本程序的交互示例：

```
Enter employee id: 101
Enter employee name: Ramesh
Enter department id: ME
Enter department name: Mechanical Engineering
Employee ID : 101
Employee Name : Ramesh
Department ID is: ME
Department Name is: Mechanical Engineering
```

- 在这个程序中，**Department** 对象包含在 **Employee** 对象中。

继承机制

- 在继承机制中，可以创建一个称为**派生类**（derived class）的新类来继承一个称为**基类**

（**base class**）的现有类的特性。

- 基类也称为超类（super class）或父类（parent class）。

- 派生类也称为子类（sub class 或 child class）。

```
# 基类
class Index :
    def __init__(self) :
    self._count=0

    def display(self) :
        print('count='+ str(self._count))
    def incr(self) :
        self._count +=1

# 派生类
class NewIndex(Index) :
    def __init__(self) :
        super().__init__()

    def decr(self) :
        self._count -=1

i=NewIndex()
i.incr()
i.incr()
i.incr()
i.display()
i.decr()
i.display()
i.decr()
i.display()
```

执行这个程序，我们得到以下输出：

```
count=3
count=2
count=1
```

- 这里，**Index** 是基类，**NewIndex** 是派生类。

- 一个对象的构造总是从基类到派生类。

- 因此，当我们创建派生类对象时，会在调用派生类 **__init__( )** 后调用基类 **__init__( )**。

用于调用基类构造函数的语法是 **super().__init__()**。

- 派生类对象包含所有基类数据。所以 **_count** 在派生类中是可用的。

- 当使用派生类对象调用 **incr()** 时,首先在派生类中搜索它。如果在派生类中没有找到它,将会继续在基类中搜索。

什么是可访问的?

- 派生类成员可以访问基类成员,反之则不行。

- 在 C++中,有三个关键字 private、protected 和 public,用于控制从派生类或从类层次结构外部访问基类成员。Python 没有任何这样的关键字。

- private、protected 和 public 的效果是通过在创建变量名时遵循约定来实现的。该约定如下:

var——这种情况等同于 public 变量

_var——这种情况等同于 protected 变量

__var——这种情况等同于 private 变量

public 变量可以从任何地方访问。

protected 变量只能在类层次结构中被访问。

private 变量只能在定义它的类中被访问。

- 在类层次结构之外不使用**_var** 只是一种惯例。如果你违反了它,也不会报错,但这是不推荐的做法。

- 然而,对于任何在类层次结构或类的外部调用__var 的尝试,程序都将报错。

```python
class Base :
    def __init__(self) :
        self.i=10
        self._a=3.14
        self.__s='Hello'

    def display(self) :
        print ( self.i, self._a, self.__s)
```

```
class Derived(Base) :
    def __init__(self) :
        super().__init__()
        self.i=100
        self._a=31.44
        self.__s='Good Morning'
        self.j=20
        self._b=6.28
        self.__ss='Hi'

    def display(self) :
        super().display()
        print( self.i, self._a, self.__s)
        print( self.j, self._b, self.__ss)

dobj=Derived()
dobj.display()
print(dobj.i)
print(dobj._a)
print(dobj.__s)    # 导致报错

print(dobj.i)
print(dobj._a)
print(dobj.__s)    # 导致报错
```

执行这个程序，我们得到以下输出：

```
100
31.44
Hello
100
31.44
Good Morning
20
6.28
Hi
100
31.44
100
31.44
```

- 在实际应用中，所有__var类型的变量命名基本上都是拼接的。例如，在 **Base** 类中__s 成为 **_base__s**。同样，在 **Derived** 类中__s 成为 **_Derived__s**，__ss 成为 **_Derived__ss**。

- 当尝试在 **Derived** 类的 **Display()** 方法中使用__s 时，它不是 **Base** 类的数据成员，而

是 **Derived** 类中一个被调用的新数据成员。

isinstance( ) 和 issubclass( )

- **isinstance( )** 和 **issubclass( )** 是全局函数。

- **isinstance(o, c)** 用于检查 **o** 是否是类 **c** 的实例。

- **issubclass(d, b)** 用于检查类 **d** 是否从类 **b** 派生而来。

object 类

- Python 中的所有类都派生自一个叫作 **object** 的现成基类。这个类的方法在所有类中都可用。

- 可以使用以下方式获得该类中方法的列表：

```
print(dir(object))
print(dir(Index))
print(dir(NewIndex))
```

继承的特点

- 继承促进了三件事：

  （a）继承现有特性：要实现这一点，只需建立继承关系。

  （b）抑制现有特性：通过在派生类中定义相同的方法来隐藏基类中的方法。

  （c）扩展现有特性：使用以下两种形式之一从派生类调用基类方法：

    ```
    super().base_class_method()
    Baseclassname.base_class_method(self);
    ```

继承的类型

- 有三种类型的继承：

  （a）简单继承——例如类 **NewIndex** 派生自类 **Index**

（b）多层继承——例如类 **HOD** 派生自 **Professor**，而 **Professor** 派生自类 **Person**。

（c）多重继续——例如类 **HardwareSales** 派生自两个基类，即 **Product** 和 **Sales**。

在多重继承中，一个类派生自两个或两个以上的基类。

```python
class Product :
    def __init__(self) :
        self.title=input ('Enter title: ')
        self.price=input ('Enter price: ')

    def display_data(self) :
        print(self.title, self.price)
class Sales :
    def __init__(self) :
        self.sales_figures=[int(x) for x in input('Enter sales fig: ').split()]

    def display_data(self) :
        print(self.sales_figures)
class HardwareItem(Product, Sales) :
    def __init__(self) :
        Product.__init__(self)
        Sales.__init__(self)
        self.category=input ('Enter category: ')
        self.oem=input ('Enter oem: ')

    def display_data(self) :
        Product.display_data(self)
        Sales.display_data(self)
        print(self.category, self.oem)

hw1=HardwareItem()
hw1.display_data()
hw2=HardwareItem()
hw2.display_data()
```

以下是与本程序的交互示例：

```
Enter title: Bolt
Enter price: 12
Enter sales fig: 120 300 433
Enter category: C
Enter oem: Axis Mfg
Bolt 12
[120, 300, 433]
C Axis Mfg
```

```
Enter title: Nut
Enter price: 8
Enter sales fig: 1000 2000 1800
Enter category: C
Enter oem: Simplex Pvt Ltd
Nut 8
[1000, 2000, 1800]
C Simplex Pvt Ltd
```

- 注意在派生类的构造函数中调用基类的**__init__( )**的语法：

```
Product.__init__(self)
Sales.__init__(self)
```

- 在这我们不能使用语法 **super.__init__( )**。

- 同时在输入销售数据时，也不能使用列表推导式。

菱形问题

- 假设两个类 Derived1 和 Derived2 通过简单继承从基类 Base 派生而来。此外，一个新类 Der 通过多重继承从 Derived1 和 Derived2 派生而来。这就是所谓的菱形关系（diamond relationship）。

- 如果我们现在构造一个 **Der** 对象，它将有一个来自路径 **Base → Derived1** 的成员副本和另一个来自路径 **Base → Derived2** 的成员副本。这将导致歧义。

- 为了消除这种歧义，Python 将搜索顺序线性化，这样在创建 **Der** 时遵循从左到右的顺序。在我们的例子中，顺序是先 **Derived1** 后 **Derived2**。因此，我们会从路径 **Base → Derived1** 得到成员的副本。

```
class Base :
    def display(self) :
        print('In Base')

class Derived1(Base) :
    def display(self) :
        print('In Derived1')

class Derived2(Base) :
    def display(self) :
```

```
        print('In Derived2')
class Der(Derived1, Derived2):
    def display(self):
        super().display()
        Derived1.display(self)
        Derived2.display(self)
        print(Der.__mro__)
d1=Der()
d1.display()
```

在执行程序后，我们得到以下输出：

```
In Derived2
In Derived1
In Derived2
(<class '__main__.Der'> , <class '__main__.Derived1'> , <class
'__main__.Derived2'> , <class '__main__.Base'> , <class 'object'> )
```

- **__mro__** 提供了解决顺序问题的方法。

抽象类

- 假设我们有一个 **Shape** 类，并且从中派生出 **Circle** 类和 **Rectangle** 类。每个类都包含一个**draw()**方法。然而，绘制一个形状并没有太大意义，所以我们不希望 **Shape** 的 **draw()** 被调用。这只有在我们能够阻止创建 **Shape** 类的对象时才能实现。按照如下程序可以实现：

```
from abc import ABC, abstractmethod
class Shape(ABC):
    @abstractmethod
    def draw(self):
        pass

class Rectangle(Shape):
    def draw(self):
        print('In Rectangle.draw')

class Circle(Shape):
    def draw(self):
        print('In Circle.draw')
s=Shape()    # 会报错，因为 Shape 是抽象类
```

```
c=Circle()
c.draw()
```

- 不能从中创建对象的类称为抽象类。

- **abc** 代表抽象基类。为了创建一个抽象类，我们需要从 **abc** 模块中的类 **ABC** 派生它。

- 其次，我们需要使用装饰器**@abstractmethod** 将 **draw()** 标记为抽象方法。

- 如果一个抽象类只包含由装饰器**@abstractmethod** 标记的方法，它通常被称为接口。

- 装饰器（decorator）将在第 17 章中讨论。

运行时多态性

- 多态性意味着不同的对象收到相同的信息时，产生不同的动作。运行时多态性涉及在运行时决定应该调用基类或派生类中的哪个函数。这个特性在 C++中广泛使用。

- 与运行时多态性对应，Java 有一个类似的动态分派（Dynamic Dispatch）机制。

- 由于 Python 是动态类型语言，其中任何变量的类型都是在运行时根据其使用情况来确定的，因此对运行时多态性或动态分派机制的讨论与之无关。

p</>Programs

问题 14.1

定义一个类 **Shape**，继承两个类 **Circle** 和 **Rectangle**。以编程方式检查类之间的继承关系。

创建 **Shape** 和 **Circle** 对象。报告这两个对象是哪个类的实例。

程序

```
class Shape :
    pass
class Rectangle(Shape) :
    pass
class Circle(Shape) :
    pass
```

```
s=Shape()
c=Circle()
print(isinstance(s, Shape))
print(isinstance(s, Rectangle))
print(isinstance(s, Circle))
print(issubclass(Rectangle, Shape))
print(issubclass(Circle, Shape))
```

输出

```
True
False
False
True
True
```

问题 14.2

编写一个在 **Base** 类和 **Derived** 类之间使用简单继承的程序。如果 **Base** 类中有一个方法,你如何阻止它在 **Derived** 类中被重写?

程序

```
class Base :
    def __method(self):
        print('In Base.__method')

    def func(self):
        self.__method()

class Derived(Base):
    def __method(self):
        print('In Derived.__method')

b=Base()
b.func()
d=Derived()
d.func()
```

输出

```
In Base.__method
In Base.__method
```

小提示

- 为了防止方法被重写,可以在它前面加上__。

- 当使用 **b** 调用 **func( )** 时,**self** 包含 **Base** 类对象的地址。当使用 **d** 调用它时,**self** 包含派生类对象的地址。

- 在 **Base** 类中 **__method( )** 拼接成 **_Base__method( )**,在 **Derived** 类中成为 **_Derived__method()**。

- 当 **func( )** 从 **Base** 类调用 **__method( )** 时,调用的是 **_Base__method( )**。实际上,**__method( )** 不会被重写。即使 **self** 包含 **Derived** 类对象的地址时也是如此。

问题 14.3

编写一个程序,定义一个名为 **Progression**(级数)的类,并有三个类 **AP**、**GP** 和 **FP** 继承自该类,分别代表等差级数、等比数列和斐波那契级数。**Progression** 类应该作为用户定义的迭代器。默认情况下,该类生成整数,从 0 开始并且以 1 为步长。**AP**、**GP** 和 **FP** 利用 **Progression** 类的迭代功能。这三个子类对应地生成等差数列、等比数列和斐波那契数列中的数字。

程序

```python
class Progression :
    def __init__ (self, start=0) :
        self.cur=start

    def __iter__ (self):
        return self

    def advance(self):
        self.cur+=1

    def __next__ (self) :
        if self.cur is None :
            raise StopIteration
        else :
            data=self.cur
            self.advance( )
            return data

    def display(self, n) :
        print( ' '.join(str(next(self)) for i in range(n)))
```

```python
class AP(Progression) :
    def __init__ (self, start=0, step=1) :
        super().__init__(start)
        self.step=step

    def advance(self) :
        self.cur +=self.step

class GP(Progression) :
    def __init__ (self, start=1, step=2 ) :
        super().__init__(start)
        self.step=step

    def advance(self) :
        self.cur *= self.step

class FP(Progression) :
    def __init__ (self, first=0, second=1) :
        super().__init__(first)
        self.prev = second - first

    def advance(self) :
        self.prev, self.cur = self.cur, self.prev + self.cur

print('Default progression:')
p = Progression()
p.display(10)
print('AP with step 5:')
a = AP(5)
a.display(10)
print('AP with start 2 and step 4:')
a = AP(2, 4)
a.display(10)
print('GP with default multiple:')
g = GP()
g.display(10)
print('GP with start 1 and multiple 3:')
g = GP(1, 3)
g.display(10)
print('FP with default start values:')
f = FP()
f.display(10)
print('FP with start values 4 and 6:')
f = FP(4, 6)
f.display(10)
```

输出

```
Default progression:
0 1 2 3 4 5 6 7 8 9
AP with step 5:
5 6 7 8 9 10 11 12 13 14
AP with start 2 and step 4:
2 6 10 14 18 22 26 30 34 38
GP with default multiple:
1 2 4 8 16 32 64 128 256 512
GP with start 1 and multiple 3:
1 3 9 27 81 243 729 2187 6561 19683
FP with default start values:
0 1 1 2 3 5 8 13 21 34
FP with start values 4 and 6:
4 6 10 16 26 42 68 110 178 288
```

小提示

- 因为 **Progression** 是一个迭代器，它必须实现 **__iter__( )** 和 **__next__( )** 方法。

- **__next__( )** 调用 **advance( )** 方法来适当调整 **self.cur** 的值（**self.prev** 在 **FP** 类中）。

- 每个派生类都有一个 **advance( )** 方法。根据 **self** 中出现的对象地址，调用该对象的 **advance( )** 方法。

- **display( )** 方法的 **for** 循环开始运行时，一次只生成一个下一个数据值。

- 有两种方法可以创建一个对象并调用 **display( )**，如下所示：

```
a=AP(5)
a.display(10)
```

或者

```
AP(5).display(10)
```

问题 14.4

编写一个程序，定义一个名为 **Printer** 的抽象类，该类包含一个抽象方法 **print( )**。从该类派生出两个类——**LaserPrinter** 和 **Inkjetprinter**。创建派生类的对象，并使用这些对象调用 **print( )** 方法，将要打印的文件的名称传递给它。在 **print( )** 方法中，只需打印

print() 所属的文件名和类名。

程序

```
from abc import ABC, abstractmethod
class Printer(ABC):
    def __init__(self, n):
        self.name=n

    @abstractmethod
    def print(self, docName):
        pass

class LaserPrinter(Printer):
    def __init__(self, n) :
        super().__init__(n)

    def print(self, docName):
        print('>> LaserPrinter.print')
        print('Trying to print :', docName)

class InkjetPrinter(Printer):
    def __init__(self, n) :
        super().__init__(n)

    def print(self, docName):
        print('>> InkjetPrinter.print')
        print('Trying to print :', docName)

p=LaserPrinter('LaserJet 1100')
p.print('hello1.pdf')
p=InkjetPrinter('IBM 2140')
p.print('hello2.doc')
```

输出

```
>> LaserPrinter.print
Trying to print :
hello1.pdf
>> InkjetPrinter.print
Trying to print :
hello2.doc
```

问题 14.5

定义一个名为 **Character** 的抽象类,其中包含一个抽象方法 **patriotism()**。定义一个

包含方法 **style()** 的类 **Actor**。定义从 **Character** 和 **Actor** 派生的类 **Person**。在 **Person** 类中实现 **patriotism()** 方法，并且重写其中的 **style()** 方法。同时在该类中定义一个新方法 **do_acting()**。创建 **Person** 类的一个对象并在其中调用三个方法。

程序

```python
from abc import ABC, abstractmethod
class Character(ABC) :
    @abstractmethod
    def patriotism(self) :
        pass

class Actor :
    def style(self) :
        print('>> Actor.Style: ')

class Person(Actor, Character) :
    def do_acting(self) :
        print('>> Person.doActing')

    def style(self) :
        print('>> Person.style')

    def patriotism(self) :
        print('>> Person.patriotism')

p=Person( )
p.patriotism( )
p.style( )
p.do_acting( )
```

输出

```
Person.patriotism
Person.style
Person.doActing
```

Exercise

[A] 下列陈述是对还是错：

（a）继承是指一个类通过扩展从父类继承属性和行为的能力。

（b）包含关系是指一个类可以包含不同类的对象作为数据成员。

(c) 即使基类的源代码不可用,我们也可以从基类派生一个类。

(d) 多重继承不同于多层继承。

(e) 派生类的对象不能访问名称以__开头的基类成员。

(f) 从基类创建派生类需要对基类进行基本更改。

(g) 如果基类包含成员函数 **func()**,而派生类不包含具有此名称的函数,则派生类的对象无法访问 **func()**。

(h) 如果没有为派生类指定构造函数,则派生类的对象将使用基类中的构造函数。

(i) 如果基类和派生类包含同名的成员函数,则派生类的对象将调用派生类的成员函数。

(j) **D** 类可以从 **C** 类派生而来,**C** 类可以从 **B** 类派生而来,**B** 类又可以从 **A** 类派生而来。

(k) 将一个类的对象作为另一个类的成员是不允许的。

[B] 回答下列问题:

(a) 应该导入哪个模块来创建抽象类?

(b) 对于一个抽象类,我们应该从哪个类继承它?

(c) 创建一个包含以下函数的 **String** 类:

——重载+=操作符函数,以实现字符串的连接。

——**toLower()**方法,以将大写字母转换成小写字母。

——**toUpper()**方法,以将小写字母转换成大写字母。

(d) 假设有一个基类 **B** 和一个从 **B** 派生而来的派生类 **D**。**B** 有两个公共成员函数 **b1()** 和 **b2()**,而 **D** 有两个成员函数 **d1()** 和 **d2()**。为下列不同情况编写这些类:

——**b1()**可以从主模块访问,**b2()**不可以。

——**b1()**和 **b2()**都不能从主模块访问。

——**b1()**和 **b2()**都可以从主模块访问。

（e）如果类 **D** 派生自两个基类 **B1** 和 **B2**，那么编写这些类，使每个类都包含一个构造函数。确保在构建类 **D** 的对象时，应该调用 **B2** 的构造函数。同时，在每个类中提供一个析构函数。这些析构函数将以什么顺序被调用？

（f）创建一个名为 **Vehicle** 的抽象类，其中包含 **speed()**、**maintenance()** 和 **value()** 方法。从 **Vehicle** 类派生出 **FourWheeler**、**TwoWheeler** 和 **Airborne** 类。检查你是否能够阻止创建 **Vehicle** 类的对象。使用其他类的对象调用方法。

（g）假设 **D** 类派生自 **B** 类，那么 **D** 类的对象可以访问下列哪一个？

——**D** 类的成员
——**B** 类的成员

［C］配对下列内容：

__mro__( )	"有一个"关系
继承机制	不允许创建对象
__var	超类
抽象类	基类
父类	"像一个"关系
对象	命名拼接
子类（child class）	决定调用顺序
包含机制	子类（sub class）

15

异常处理

可能出现什么错误？

- 在创建和执行 Python 程序时，可能会在两个不同的阶段出错——编译期间和执行期间。

- 编译期间出现的错误称为语法错误。执行期间发生的错误称为异常。

语法错误

- 如果在编译期间出现错误：

  意味着——程序中的某些内容与语法不符

  报错对象——解释器/编译器

  需采取的行动——纠正程序

- 语法错误的示例：

```
print 'Hello'  # 没有加()
d='Nagpur'
a=b+float(d)    # d是一个字符串,不能转换成浮点型
a=Math.pow(3)   # pow()函数需要2个参数
```

其他常见的语法错误有：

——符号不全，如冒号、逗号或方括号

——拼错的关键字

——不正确的缩进

——if、else、while、for、函数、类、方法等为空

——缺失冒号

——位置参数的数目不正确

• 假设我们试着编译下面这段代码：

```
basic_salary=input('Enter basic salary')
if basic_salary < 5000
    print('Does not qualify for Diwali bonus')
```

• 我们得到以下语法错误：

```
File'c:\Users\Kanetkar\Desktop\Phone\src\phone.py', line 2
    if basic_salary < 5000
                   ^
SyntaxError: invalid syntax
```

• ^指示在代码行中检测到发生错误的位置。它出现是因为在条件后缺少"："。

• 文件名和行号也会显示出来，以帮助你轻松定位错误语句。

异常

• 如果在执行期间（运行时）出现错误：

意味着——发生了未预见的情况

报错对象——Python Runtime

需采取的行动——立即处理

• 运行时错误的示例：

内存相关——堆栈/堆溢出，超过数组边界

算术相关——除以 0，算术溢出/下溢

其他——试图使用未分配的引用，未找到文件

- 即使程序在语法上是正确的,在执行过程中也可能出现错误,从而导致异常。

```
a=int(input('Enter an integer: '))
b=int(input('Enter an integer: '))
c=a / b
```

如果在执行此脚本期间,我们将 **b** 的值设置为 0,那么将显示以下消息:

```
Exception has occurred: ZeroDivisionError
division by zero
File 'C:\Users\Kanetkar\Desktop\Phone\src\trial.py', line 3, in
<module> c=a / b
# ……堆栈跟踪的其他部分
```

- 另一个异常的示例:

```
a, b=10, 20
c=a / b *d

File'c:\Users\Kanetkar\Desktop\Phone\src\phone.py',line2,in
<module> c=a / b * d
NameError: name 'd' is not defined
#……堆栈跟踪的其他部分
```

- 堆栈跟踪打印文件的名称,从执行的第一个文件开始直到异常点的行号。

- 堆栈跟踪对于程序员了解哪里出了问题是很有用的。然而,用户很可能在看到它时感到惊慌,认为有什么严重的错误。因此,我们应该尝试自己处理异常并在程序中提供一个优雅的退出,而不是打印堆栈跟踪。

如何处理异常?

- **try** 和 **except** 块用于处理异常。

- 你怀疑在运行时可能出错的语句应该包含在一个 **try** 块中。

- 如果在 **try** 块中执行语句时出现异常情况,可以通过两种方式处理:

(a) 将异常信息打包到对象中并引发异常。

(b) 让 Python Runtime 将异常信息打包到对象中并引发异常。(在上面的例子中 Python Runtime 会引发 **ZeroDivisionError** 和 **NameError** 异常。)

引发异常等同于 C++/Java 中的抛出异常。

- 当异常被引发时，可以做两件事：

    （a）在 **except** 块中捕获引发的异常对象。

    （b）进一步引发异常。

- 如果我们捕获异常对象，可以执行一个优雅的退出或者纠正异常情况并继续。

- 如果我们进一步引发异常对象——默认异常处理程序捕获异常对象，打印堆栈跟踪并终止。

- 创建异常对象的两种方法：

    （a）从现成的异常类（例如 **ZeroDivisionError**）
    （b）从用户自定义的异常类

- 以面向对象方式处理异常的优势：

    ——可以将更多信息打包到异常对象中。
    ——异常对象从引发到处理由 Python Runtime 管理。

- Python 如何促进异常处理：

    ——通过提供关键词 **try**、**except**、**else**、**finally**、**raise**。
    ——通过提供现成的异常类。

如何使用 try – except？

- **try** 块——在其中包含预期将导致异常的代码。

- **except** 块——在其中捕获引发的异常。它必须紧跟在 **try** 块后。

```
try :
    a=int(input('Enter an integer: '))
    b=int(input('Enter an integer: '))
    c=a / b
    print('c=', c)
except ZeroDivisionError :
    print('Denominator is 0')
```

下面是与本程序的交互示例：

```
Enter an integer: 10
Enter an integer: 0
Denominator is 0
```

- 如果在执行 **try** 块时没有发生异常,控制权将转到 except 块后的第一行。

- 如果在执行 **try** 块时发生异常,则会引发异常并跳过 **try** 块的其余部分。控制权现在转到 except 块。在这里,如果所引发异常的类型与 except 关键字后指定的异常匹配,则执行 except 块。

- 如果发生的异常与 except 块指定的异常不匹配,则默认异常处理程序捕获该异常,打印堆栈跟踪并终止执行。

- 当引发异常并执行 except 块时,除非 except 块中有 **return** 或 **raise**,否则控制权转到 except 块后的第一行。

try 和 except 的细微差异

- **try** 块:
  ——可以嵌套在另一个 **try** 块中。
  ——如果发生异常,并且在 **except** 块中没有找到匹配的异常处理程序,那么就会检查外部 **try** 块的异常处理程序是否匹配。

- **except** 块:

  ——一个 **try** 块有多个 except 块是允许的。
  ——一次只执行一个 except 块。
  ——如果要对多个异常采取相同的操作,那么 **except** 子句可以在一个元组中列出这些异常。
```
try :
    # 一些语句
except (NameError, TypeError, ZeroDivisionError) :
    # 一些其他语句
```

  ——**Except** 块的顺序很重要,应该派生类在前,基类在后。
  ——一个空的 **except** 就像一个总容器,它捕获所有异常。

——一个异常可以从任何 **except** 块被重新引发。

• 下面的程序给出了 **try** 和 **except** 之间细微差异的一个实例：

```
try :
    a=int(input('Enter an integer:'))
    b=int(input('Enter an integer:'))
    c=a / b
    print('c = ', c)
except ZeroDivisionError as zde :
    print('Denominator is 0')
    print(zde.args)
    print(zde)
except ValueError :
    print('Unable to convert string to int')
except :
    print('Some unknown error')
```

下面是与本程序的交互示例：

```
Enter an integer: 10
Enter an integer: 20
c=0.5

Enter an integer: 10
Enter an integer: 0
Denominator is 0
('division by zero')
division by zero

Enter an integer: 10
Enter an integer: abc
Unable to convert string to int
```

• 如果发生异常，且引发的异常类型与以 **except** 关键字指定的异常匹配，则执行 **except** 块，然后在最后一个 **except** 块之后继续执行。

• 如果我们希望在优雅地退出之前做更多的事情，可以使用关键字 **as** 来接收异常对象。然后，我们可以使用它的 **args** 变量或简单地使用异常对象来访问它的参数。

• **args** 实际上是在创建异常对象时使用的参数。

用户定义的异常

• 由于不能预料所有异常条件，所以对于每个异常条件，Python 库中不可能都有对应的类。

- 在这种情况下，我们可以定义自己的异常类，如下面的程序所示：

```
class InsufficientBalanceError(Exception) :
    def __init__(self, accno, cb) :
    self.accno=accno
        self.curbal=cb

    def get_details(self) :
        return {'Acc no' : self.accno,'Current Balance':self.curbal}

class Customers :
    def __init__(self) :
        self.dct={ }

    def append(self, accno, n, bal) :
        self.dct[accno]={'Name':n,'Balance':bal }

    def deposit(self, accno, amt) :
        d=self.dct[accno]
        d['Balance']=d['Balance'] + amt
        self.dct[accno]=d

    def display(self) :
        for k, v in self.dct.items() :
            print(k, v)
        print()

    def withdraw(self, accno, amt) :
        d=self.dct[accno]
        curbal=d['Balance']
        if curbal-amt<5000 :
            raise InsufficientBalanceError(accno, curbal)
        else :
            d['Balance']=d['Balance']-amt
            self.dct[accno]=d

c=Customers()
c.append(123,'Sanjay',9000)
c.append(101,'Sameer',8000)
c.append(423,'Ajay',7000)
c.append(133,'Sanket',6000)
c.display()

c.deposit(123,1000)
c.deposit(423,2000)
c.display()
```

```
try :
    c.withdraw(423, 3000)
    print('Amount withdrawn successfully')
    c.display( )
    c.withdraw(101, 5000)
    print('Amount withdrawn successfully')
    c.display( )
except InsufficientBalanceError as ibe :
    print('Withdrawal denied')
    print('Insufficient balance')
    print(ibe.get_details( ))
```

执行这个程序，我们得到以下输出：

```
123 {'Name':'Sanjay','Balance':9000}
101 {'Name':'Sameer','Balance':8000}
423 {'Name':'Ajay', 'Balance':7000}
133 {'Name':'Sanket', 'Balance':6000}

123 {'Name':'Sanjay','Balance':10000}
101 {'Name':'Sameer','Balance':8000}
423 {'Name':'Ajay','Balance':9000}
133 {'Name':'Sanket','Balance':6000}

Amount withdrawn successfully
123 {'Name':'Sanjay','Balance':10000}
101 {'Name':'Sameer','Balance':8000}
423 {'Name':'Ajay','Balance':6000}
133 {'Name':'Sanket','Balance':6000}

Withdrawal denied
Insufficient balance
{'Acc no':101,'Current Balance':8000}
```

- 银行的每个客户都有账号、姓名和余额等数据。这些数据保存在嵌套目录中。

- 如果在从特定账户取款时余额低于 5 000 卢比，则会引发一个名为 **InsufficientBalanceError** 的用户定义异常。

- 在匹配 **except** 块中，通过调用 **InsufficientBalanceError** 类中的 **get_details()** 方法来获取并显示导致异常的取款交易的详细信息。

- **get_details()** 返回格式化的数据。如果我们希望获得原始数据，那么我们可以使用 **ibe.args** 变量，或简单的 **ibe**。

```
print(ibe.args)
print(ibe)
```

else 块

- **try ... except** 语句也可以有一个可选的 **else** 块。

- 如果它存在,那么它必须出现在所有 **except** 块之后。

- 如果在执行 **try** 块期间没有发生异常,则控制权转到 **else** 块。

```
try :
    lst=[10, 20, 30, 40, 50]
    for num in lst :
        i=int(num)
        j=i*i
        print(i,j)
except NameError:
    print(NameError.args)
else:
    print('Total numbers processed', len(lst))
    del(lst)
```

执行这个程序,我们得到以下输出:

```
10    100
20    400
30    900
40    1600
50    2500
Total numbers processed 5
```

- 程序执行到 **else** 块,因为在获取平方时没有发生任何异常。

- 如果我们将其中一个元素替换为 'abc',则会发生一个 **NameError**,它将被 **except** 块捕获。在这种情况下,**else** 块不执行。

finally 块

- **finally** 块是可选的。

- 无论在什么情况下,总是执行 **finally** 块中的代码! 即使已经执行了 **return** 和

break。

- **finally** 块放在 **except** 块之后（如果存在 **finally** 块的话）。

- **try** 块必须有 **except** 块和/或 **finally** 块。

- **finally** 块通常用于释放外部资源，像文件、网络连接或者数据库连接，不管资源的使用是否成功。

异常处理技巧

- 不要捕获并忽略异常。

- 不要使用 except 来捕获所有的异常，要区分异常的类型。

- 让异常处理变得完美——不要太多，也不要太少。

P</>≫ *Programs*

问题 15.1

编写一个程序，无限地接收正整数作为输入并打印其平方。如果输入的是负数，则引发异常，显示相关的错误消息并优雅地退出。

程序

```
try:
    while True :
        num=int(input('Enter a positive number:'))
        if num >= 0 :
            print(num * num)
        else :
            raise ValueError('Negative number')
except ValueError as ve :
    print(ve.args)
```

输出

```
Enter a positive number: 12
144
Enter a positive number: 34
```

```
1156
Enter a positive number: 45
2025
Enter a positive number: -9
('Negative number',)
```

问题 15.2

编写一个程序来实现一个指定大小的堆栈数据结构。如果堆栈已满,而我们仍然试图将一个元素推入其中,那么应该引发一个 **IndexError** 异常。类似地,如果堆栈是空的,我们试图从中弹出一个元素,那么也应该引发一个 **IndexError** 异常。

程序

```
class Stack :
    def __init__(self, sz) :
        self.size=sz
        self.arr=[ ]
        self.top=-1

    def push(self, n) :
        if self.top+1==self.size :
            raise IndexError('Stack is full')
        else :
            self.top+=1
            self.arr=self.arr+[n]

    def pop(self) :
        if self.top==-1 :
            raise IndexError('Stack is empty')
        else :
            n=self.arr[self.top]
            self.top-=1
            return n

    def printall(self) :
        print(self.arr)

s=Stack(5)
try :
    s.push(10)
    n=s.pop( )
    print(n)
```

```
    n=s.pop( )
    print(n)
    s.push(20)
    s.push(30)
    s.push(40)
    s.push(50)
    s.push(60)
    s.printall( )
    s.push(70)
except IndexError as ie :
    print(ie.args)
```

输出

```
10
('Stack is empty',)
```

小提示

• 通过合并两个列表，一个新元素将被添加到堆栈中。

• **IndexError** 是一个现成的异常类。这里我们用它来引发堆栈已满或为空的异常。

问题 15.3

编写一个程序来实现一个指定大小的队列数据结构。如果队列已满，而我们仍然试图向它添加一个元素，那么应该引发一个用户定义的 **QueueError** 异常。类似地，如果队列是空的，我们试图从队列中删除一个元素，那么应该引发一个 **QueueError** 异常。

程序

```
class QueueError(Exception) :
    def __init__(self, msg, front, rear ) :
        self.errmsg=msg+'front='+str(front)+'rear='+str(rear)

    def get_message(self) :
        return self.errmsg

class Queue :
    def __init__(self, sz) :
        self.size=sz
        self.arr=[ ]
```

```
        self.front=self.rear=-1
    def add_queue(self, item) :
        if self.rear==self.size -1 :
            raise QueueError('Queue is full.', self.front, self.rear)
        else :
            self.rear+=1
            self.arr=self.arr+[item]

            if self.front==-1 :
                self.front=0
    def delete_queue(self) :
        if self.front==-1 :
            raise QueueError('Queue is empty.', self.front, self.rear)
        else :
            data=self.arr[self.front]
            if ( self.front==self.rear ) :
                self.front=self.rear=-1
            else :
                self.front+=1

            return data

    def printall(self) :
        print(self.arr)

q=Queue(5)
try :
    q.add_queue(11)
    q.add_queue(12)
    q.add_queue(13)
    q.add_queue(14)
    q.add_queue(15) #  哦，队列满了
    q.printall( )

    i=q.delete_queue( )
    print('Item deleted=', i)
    i=q.delete_queue( )
    print('Item deleted=', i)
    i=q.delete_queue( )
    print('Item deleted=', i)
    i=q.delete_queue( )
    print('Item deleted=', i)
    i=q.delete_queue( )
    print('Item deleted=', i)
    i=q.delete_queue( ) #  哦，队列满了
```

```
    print('Item deleted=', i)

except QueueError as qe :
    print(qe.get_message())
```

输出

```
[11, 12, 13, 14, 15]
Item deleted=11
Item deleted=12
Item deleted=13
Item deleted=14
Item deleted=15
Queue is empty. front=-1 rear=-1
```

问题 15.4

编写一个程序,接收一个整数作为输入。如果输入的是字符串而不是整数,那么报告错误并给用户再次输入整数的机会。继续此过程,直到提供正确的输入。

程序

```
while True :
  try :
    num=int(input('Enter a number:'))
    break
  except ValueError :
    print('Incorrect Input')

print('You entered:', num)
```

输出

```
Enter a number: aa
Incorrect Input
Enter a number: abc
Incorrect Input
Enter a number: a
Incorrect Input
Enter a number: 23
You entered: 23
```

Exercise

[A] 下列陈述是对还是错：

（a）异常处理机制应该处理编译期间的错误。

（b）有必要在将要抛出异常的类中声明异常类。

（c）必须捕获每个引发的异常。

（d）对于一个 **try** 块，可以有多个 **except** 块。

（e）当引发异常时，将调用异常类的构造函数。

（f）**try** 块不能嵌套。

（g）异常处理机制保证了对象的恰当销毁。

（h）所有的异常都发生在运行时。

（i）异常提供了一种面向对象的方式来处理运行时错误。

（j）如果发生异常，则程序会突然终止，而没有任何机会从异常中恢复。

（k）无论是否发生异常，**finally** 子句（如果存在的话）中的语句都会被执行。

（l）一个程序可以包含多个 **finally** 子句。

（m）**finally** 子句用于执行清理操作，如关闭网络/数据库连接。

（n）当引发用户定义的异常时，可以在异常对象中设置多个值。

（o）在一个函数/方法中，只能有一个 **try** 块。

（p）一个异常必须在引发它的同一个函数/方法中被捕获。

（q）异常对象中设置的所有值在 **except** 块中都是可用的。

（r）如果我们的程序没有捕获异常，那么 Python Runtime 将捕获它。

（s）可以创建用户定义的异常。

（t）使用 **Exception** 类可以捕获所有类型的异常。

（u）对于每个 **try** 块，必须有一个对应的 **finally** 块。

[B] 回答下列问题：

（a）如果我们没有捕获在运行时抛出的异常，那么谁将捕获它呢？

（b）简单描述使用异常处理而不是常规错误处理方法的主要原因。

（c）有必要从基类 **Exception** 派生出所有可用来表示异常的类吗？

（d）在 Python 异常处理序列中使用 **finally** 块有什么用？

（e）在 Python 中嵌套的异常处理是如何执行的？

（f）编写一个接收 10 个整数并将它们及其立方存储在一个字典中的程序。如果输入的数字小于 3，则引发一个用户定义的异常 **NumberTooSmall**；如果输入的数字大于 30，则引发一个用户定义的异常 **NumberTooBig**。不管是否发生异常，在最后打印字典的内容。

（g）下面的代码片段有什么问题？
```
try :
    # 一些语句
except :
    # 报告错误 1
ZeroDivisionError :
    # 报告错误 2
```

（h）这些关键字中哪些不是 Python 异常处理的一部分：**try，catch，throw，raise，finally，else**？

（i）下列代码的输出是什么？
```
def fun ( ) :
    try :
        return 10
    finally :
        return 20

k=fun ( )
print(k)
```

16

文件输入/输出

I/O(输入/输出)系统

- I/O 系统的预期:

  ——我应该能够让来源和目的地通信。

  　例如,来源有键盘、文件、网络,目的地有屏幕、文件、网络

  ——我应该能够 I/O 多种实体。

  　例如,数字、字符串、列表、元组、集合、字典等

  ——我应该能够以多种方式通信。

  　例如,顺序访问、随机访问

  ——我应该能够处理底层文件系统。

  　例如,创建、修改、重命名、删除文件和目录

- I/O 使用的数据类型:

  ——文本,例如 '485000' 作为一个 Unicode 字符序列。

  ——二进制,例如 485000 作为与其二进制等价的字节序列。

- 文件类型:

——所有的程序文件都是文本文件。

——所有的图像、音乐、视频、可执行文件都是二进制文件。

文件 I/O

- 文件 I/O 的操作顺序：

——打开一个文件。

——读取/写入数据。

——关闭文件。

```
# 写入/读取文本数据
msg1='Pay taxes with a smile...\n'
msg2='I tried, but they wanted money!\n'
msg3='Don\'t feel bad...\n'
msg4='It is alright to have no talent!\n'

f=open('messages','w')
f.write(msg1)
f.write(msg2)
f.write(msg3)
f.write(msg4)
f.close()

f=open('messages','r')
data=f.read()
print(data)
f.close()
```

执行这个程序，我们得到以下输出：

```
Pay taxes with a smile...
I tried, but they wanted money!
Don't feel bad...
It is alright to have no talent!
```

- 打开一个文件，将其内容放入内存中的缓冲区。在执行读/写操作时，从缓冲区读取或写入数据。

```
f=open(filename, 'r') # 以读取的方式打开文件
f=open(filename, 'w') # 以写入的方式打开文件
f.close() #  通过清空缓冲区来关闭文件
```

一旦文件被关闭，是不能对其进行读/写操作的。

- **f.write( )** 每次向文件中写入一个新字符串。

- **data = f.read( )** 将所有行读入 **data**。

读/写操作

- 有两个函数可用于向文件中写入数据：

```
msg='Bad officials are elected by good citizens who do not vote.\n'
msgs=['Humpty\n','Dumpty\n','Sat\n','On\n','a\n','wall\n']
f.write(msg)
f.writelines(msgs)
```

- 为了写入字符串以外的内容，我们需要在写入前将其转化成字符串：

```
tpl=('Ajay', 23, 15000)
s={23, 45, 56, 78, 90}
d={'Name':'Dilip','Age':25}
f.write(str(tpl))
f.write(str(s))
f.write(str(d))
```

- 有三个函数可用于从文件对象 **f** 表示的文件中读取数据：

```
data = f.read( )        # 读取整个文件内容并以字符串的形式返回
data = f.read(n)        # 读取 n 个字符并以字符串的形式返回
data = f.readline( )    # 读取一行并以字符串的形式返回
```

如果到达文件的末尾，**f.read()** 返回一个空字符串。

- 有两种方法可以逐行读取文件直到文件结束：

```
# 方法一
while True :
    data= f.readline( )
    if data== '' :
        break
print(data, end= '')

# 方法二
for data in f :
    print(data, end='')
```

• 读取文件中的所有行并形成一个行列表：

```
data=f.readlines()
data=list(f)
```

文件打开方式

• 有多种文件打开方式：

'r'——以文本模式打开文件进行读取。
'w'——以文本模式打开文件进行写入。
'a'——以文本模式打开追加文件。

'rb'——以文本模式打开文件进行读取。
'wb'——以文本模式打开文件进行写入。
'ab'——以文本模式打开追加文件。

'r+ ', 'rb+ '——打开文件进行读写。
'w+ ', 'wb+ '——打开文件进行读写。
'a+ ', 'ab+ '——打开文件进行追加和读取。

如果在打开文件时没有提到模式参数,则默认为'r'。

• 当打开一个文件进行写入时,如果该文件已经存在,那么它将被覆盖。

with 关键字

• 在使用完文件后关闭它是个好主意,因为这将释放系统资源。

• 如果我们不关闭文件,当文件对象被销毁时,Python 的垃圾回收程序将为你关闭文件。

• 如果我们在打开文件时使用 **with** 关键字,那么文件会在使用结束后立即被关闭。

```
with open('messages','r') as f :
    data=f.read()
```

• **with** 确保即使在处理该文件时发生异常,该文件也会被关闭。

在文件中移动

- 当我们读取文件或写入文件时，与前一个读/写操作相比，下一个读/写操作是从下一个字符/字节执行的。

- 因此，如果我们使用 **f.read(1)** 从文件中读取第一个字符，下一次调用 **f.read(1)** 将自动读取文件中的第二个字符。

- 有时，我们可能希望在读取/写入文件之前移动到所需的位置。这可以用 **f.seek()** 方法实现。

- **seek()** 的一般形式如下：

```
f.seek(offset, reference)
```

reference 可以取值 **0**、**1**、**2**，分别代表文件的开始、文件的当前位置和文件的末尾。

- 对于以文本模式打开的文件，**reference** 值只可以取 **0** 和 **2**。另外，使用 **2**，我们只能移动到文件的末尾。

```
f.seek(512, 0) # 从文件开始移动到位置 512
f.seek(0, 2) # 移动到文件末尾
```

- 对于以二进制模式打开的文件，**reference** 值可以取 **0**、**1**、**2**。

```
f.seek(12, 0) # 从文件开始移动到位置 12
f.seek(-15, 2) # 从文件末尾移动到位置 15
f.seek(6, 1) # 从当前位置向右移动 6 个位置
f.seek(- 10, 1) # 从当前位置向左移动 10 个位置
```

序列化和反序列化

- 与字符串相比，从文件中读取/写入数字非常繁琐。这是因为 **write()** 将字符串写入文件，而 **read()** 返回从文件中读取的字符串。所以我们需要在读取/写入的时候进行转换，如下面的程序所示：

```
f=open('numberstxt', 'w+ ')
f.write(str(233)+ '\n')
f.write(str(13.45))
```

```
f.seek(0)
a=int(f.readline())
b=float(f.readline())
print(a+a)
print(b+b)
```

- 如果我们将更复杂的数据以元组、字典等形式读取/写入文件,将会变得更加困难。在这种情况下,应该使用一个名为 **json** 的模块。

- 在将数据写入文件之前,**json** 模块将 Python 数据转换为适当的 JSON 类型的数据。同样,它将从文件中读取的 JSON 类型的数据转换为 Python 数据。第一个过程称为序列化 **(serialization)**,第二个过程称为反序列化 **(deserialization)**。

```
# 序列化/反序列化一个列表
import json
f=open('sampledata', 'w+')
lst=[10, 20, 30, 40, 50, 60, 70, 80, 90]
json.dump(lst, f)
f.seek(0)
inlst=json.load(f)
print(inlst)
f.close()


# 序列化/反序列化一个元组
import json
f=open('sampledata', 'w+')
tpl=('Ajay', 23, 2455.55)
json.dump(tpl, f)
f.seek(0)
intpl=json.load(f)
print(tuple(intpl))
f.close()


# 序列化/反序列化一个字典
import json
f=open('sampledata', 'w+')
dct={'Anil' : 24, 'Ajay' : 23, 'Nisha' : 22}
json.dump(dct, f)
f.seek(0)
indct=json.load(f)
print(indct)
f.close()
```

- 使用 **dump()** 函数将 Python 数据序列化为 JSON 数据。它将序列化的数据写入一个文件。

- 使用 **load()** 函数将 JSON 数据反序列化为 Python 数据。它从文件中读取数据，进行转换并返回转换后的数据。

- 在反序列化元组时，**load()** 返回一个列表而不是一个元组。因此，我们需要使用 **tuple()** 转换函数将列表转换为元组。

- 不需要将 JSON 数据写入文件，我们甚至可以将其写入字符串，并从字符串中读取数据，如下所示：

```
import json
lst=[10, 20, 30, 40, 50, 60, 70, 80, 90]
tpl=('Ajay', 23, 2455.55)
dct={ 'Anil' : 24, 'Ajay' : 23, 'Nisha' : 22}

str1=json.dumps(lst)
str2=json.dumps(tpl)
str3=json.dumps(dct)
l=json.loads(str1)
t=tuple(json.loads(str2))
d=json.loads(str3)
print(l)
print(t)
print(d)
```

- **dumps()** 和 **loads()** 中的"s"代表 string（字符串）。

- 可以序列化/反序列化嵌套的列表和字典，如下所示：

```
# 序列化/反序列化列表
import json
lofl=[10, [20, 30, 40], [ 50, 60, 70], 80, 90]
f=open('data', 'w+')
json.dump(lofl, f)
f.seek(0)
inlofl=json.load(f)
print(inlofl)
f.close( )

# 序列化/反序列化字典
```

```
import json
contacts =  {'Anil': {'DOB' : '17/11/98', 'Favorite' : 'Igloo' },
             'Amol': {'DOB' : '14/10/99', 'Favorite' : 'Tundra' },
             'Ravi': {'DOB' : '19/11/97', 'Favorite' : 'Artic' } }
f =  open('data', 'w+')
json.dump(contacts, f)
f.seek(0)
incontacts=json.load(f)
print(incontacts)
f.close()
```

用户定义类型的序列化

• 标准的 Python 类型可以很容易地转换成 JSON，反之亦然。但是，如果我们试图将用户定义的类型序列化为 JSON，就会出现以下错误：

```
TypeError: Object of type 'Complex' is not JSON serializable
```

• 为了序列化用户定义的类型，我们需要定义编码和解码函数。如下面的程序所示，我们在其中序列化了 **Complex** 类型：

```
import json

def encode_complex(x):
    if isinstance(x, Complex):
        return(x.real, x.imag)
    else:
        raise TypeError('Complex object type is not JSON serializable')

def decode_complex(dct):
    if '__Complex__' in dct:
        return Complex(dct['real'], dct['imag'])
    return dct

class Complex:
    def __init__(self, r=0, i=0):
        self.real=r
        self.imag=i

    def print_data(self):
        print(self.real, self.imag)

c=Complex(1.0, 2.0)
f=open('data', 'w+')
json.dump(c, f, default=encode_complex)
```

```
f.seek(0)
inc=json.load(f, object_hook=decode_complex )
print(inc)
```

- 为了将 **Complex** 对象转换成 JSON，我们定义了一个名为 **encode_complex()** 的编码函数。我们为 **dump()** 方法的 **default** 参数提供了这个函数。**dump()** 方法将在序列化 **Complex** 对象时使用 **encode_complex()** 函数。

- 在 **encode_complex()** 中，我们检查了接收到的对象是否属于 **Complex** 类型。如果是，那么我们将 **Complex** 对象数据作为一个元组返回；如果不是，则引发一个 **TypeError** 异常。

- 在反序列化过程中，当 **load()** 方法试图解析一个对象时，我们通过 **object_hook** 参数提供解码器 **deconde_complex()**，而不是默认的解码器。

文件和目录操作

- Python 允许我们与底层文件系统进行交互。在这个过程中，我们可以执行多种文件和目录操作。

- 文件操作包括创建、删除、重命名、复制、检查某个条目是否是文件、获取文件统计信息等。

- 目录操作包括创建、递归创建、重命名、更改为、删除、列出目录等。

- 路径操作包括获取绝对路径和相对路径、拆分路径元素、连接路径等。

- '.'表示当前目录，'..'表示当前目录的父目录。

- 下面是一个演示文件、目录和路径操作的程序。

```
import os
import shutil

print(os.name)
print(os.getcwd( ))
print(os.listdir('.'))
print(os.listdir('..'))

if os.path.exists('mydir') :
```

```
        print('mydir already exists')
    else :
        os.mkdir('mydir')

    os.chdir('mydir')
    os.makedirs('.\\dir1\\dir2\\dir3')
    f=open('myfile', 'w')
    f.write('Having one child makes you a parent...')
    f.write('Having two you are a referee')
    f.close()
    stats=os.stat('myfile')
    print('Size=', stats.st_size)

    os.rename('myfile', 'yourfile')
    shutil.copyfile('yourfile', 'ourfile')
    os.remove('yourfile')

    curpath=os.path.abspath('.')
    os.path.join(curpath, 'yourfile')
    if os.path.isfile(curpath) :
        print('yourfile file exists')
    else :
        print('yourfile file doesn\'t exist')
```

问题 16.1

编写一个程序来读取'messages'文件的内容,每次一个字符。打印读取的每个字符。

程序

```
f=open('messages','r')
while True :
  data=f.read(1)
  if data=='' :
    break
  print(data, end='')

f.close()
```

输出

You may not be great when you start, but you need to start to be great.
Work hard until you don't need an introduction.

Work so hard that one day your signature becomes an autograph.

小提示

- **f.read(1)** 从文件对象 **f** 中读取一个字符。

- **read( )** 到达文件末尾时返回一个空字符串。

- 如果不使用 **end="**,则读取的每个字符将打印在一个新行中。

问题 16. 2

编写一个程序,将 4 个整数写入一个名为 'numbers' 的文件。移动到文件中的以下位置并打印它们:

从文件开头起的第 10 个位置

当前位置右侧的第 2 个位置

当前位置左边的第 5 个位置

从文件末尾向左的第 10 个位置

程序

```
f = open('numbers', 'wb')
f.write(b'231')
f.write(b'431')
f.write(b'2632')
f.write(b'833')
f.close( )
f = open('numbers', 'rb')
f.seek(10, 0)
print(f.tell( ))
f.seek(2, 1)
print(f.tell( ))
f.seek(-5, 1)
print(f.tell( ))
f.seek(-10, 2)
print(f.tell( ))
f.close( )
```

输出

10

```
12
7
1
```

问题 16.3

编写一个 Python 程序来搜索一个文件，获取它的大小，并根据需要以 bytes/KB/MB/GB/TB 为单位打印文件大小。

程序

```
import os

def convert(num) :
  for x in ['bytes','KB','MB','GB','TB']:
    if num<1024.0:
      return "%3.1f%s"%(num, x)
    num/=1024.0

def file_size(file_path):
    if os.path.isfile(file_path):
        file_info=os.stat(file_path)
        return convert(file_info.st_size)

file_path=r'C:\Windows\System32\mspaint.exe'
print(file_size(file_path))
```

输出

```
6.1 MB
```

问题 16.4

编写一个 Python 程序，打印给定文件的创建时间、最后一次访问时间和最后一次修改时间。

程序

```
import os, time

file = 'sampledata'
print(file)

created = os.path.getctime(file)
```

```
modified = os.path.getmtime(file)
accessed = os.path.getatime(file)

print('Date created: '+ time.ctime(created))
print('Date modified: '+ time.ctime(modified))
print('Date accessed: '+ time.ctime(accessed))
```

输出

```
sampledata
Date created: Tue May 14 08:51:52 2019
Date modified: Tue May 14 09:11:59 2019
Date accessed: Tue May 14 08:51:52 2019
```

小提示

- 函数 **getctime()**、**getmtime()** 和 **getatime()** 返回给定文件的创建、修改和访问时间。以秒数返回从纪元开始的时间。纪元被认为是 1970 年 1 月 1 日 00 时 00 分。

- **time** 模块的 **ctime()** 函数将以秒为单位表示的自纪元开始的时间转换为表示当前时间的字符串。

 *Exercise*

［A］下列陈述是对还是错：

（a）如果一个文件被打开以供读取，则该文件必须存在。

（b）如果一个打开以供写入的文件已经存在，则其内容将被覆盖。

（c）以追加模式打开一个文件时，该文件必须存在。

（d）打开文件以供读取时，将执行下列哪些活动：

   （1）在磁盘中搜索文件是否存在。
   （2）文件被放入内存。
   （3）设置一个指针，指向文件中的第一个字符。
   （4）上述所有。

（e）以文本模式创建的文件是否必须以文本模式打开以进行后续操作？

（f）当使用语句

```
fp=open('myfile.','r')
```

时,在下列情况下会发生什么?

——'myfile'在磁盘上不存在
——'myfile'在磁盘上存在

（g）当使用语句

```
f=open('myfile', 'wb')
```

时,在下列情况下会发生什么?

——'myfile'在磁盘上不存在
——'myfile'在磁盘上存在

（h）浮点数组包含学生在考试中获得的百分制分数。要将这些分数存储在'marks.dat'文件中,你将以什么模式打开文件,为什么?

[B] 做下列尝试:

（a）编写一个程序来读取文件,显示其内容并在每行之前显示其行号。

（b）编写一个程序,将一个文件的内容附加到另一个文件的末尾。

（c）假设一个文件包含学生的记录,每个记录都包含一名学生的姓名和年龄。编写一个程序来读取这些记录并按名称排序显示它们。

（d）编写一个程序来将一个文件的内容复制到另一个文件。同时,将所有小写字母替换为它们对应的大写字母。

（e）编写一个程序,交替合并两个文件中的行,并将结果写入新文件。如果一个文件的行数少于另一个文件的行数,则应该简单地将较大文件中的其余行复制到新文件中。

（f）编写一个程序,使用以下方式加密/解密文件:

（1）偏移加密:在这种加密中,源文件中的每个字符都用一个固定的值进行偏移,然后写入目标文件。

例如,如果从源文件中读取的字符是'A',那么将由'A'+ 128表示的字符写入目标文件。

(2) 替换加密:在这种加密中,从源文件读取每个字符时,将一个对应的预定字符写入目标文件。

例如,如果从源文件中读取的字符是'A',那么字符'!'将被写入目标文件。类似地,每个'B'都会被'5'代替,以此类推。

(g) 假设一个 Employee 对象包含以下细节:

employee code

employee name

date of joining

salary

编写一个程序来序列化和反序列化这些数据。

(h) 医院保存有献血者档案,每一份档案的格式如下:

姓名:20 列

地址:40 列

年龄:2 列

血型:1 列(类型为 1、2、3 和 4)

编写一个程序来读取该文件,并打印出所有年龄在 25 岁以下、血型为 2 的献血者的名单。

(i) 给定一个班级学生的名单,编写一个程序将这些名字存储在磁盘上的一个文件中。设置显示列表中的第 n 个名称,其中 n 从键盘输入。

(j) 假设 Master 文件包含两个字段,即学号和学生姓名。在学年结束时,一组学生加入这个班,另一组学生离开。Transaction 文件包含学号和用于添加或删除学生的适当代码。

编写一个程序来创建另一个文件,该文件包含更新后的姓名和学号列表。假设 Master 文件和 Transaction 文件按学号升序排列。更新后的文件也应该按学号升序排列。

(k) 给定一个文本文件,编写一个程序来创建另一个文本文件,删除单词"a""the""an",并用空格替换它们。

17

杂录

本章讨论的主题与主流 Python 编程相去甚远，不适合包含在前几章中。这些主题提供了某些有用的编程特性，并且可能对某些编程策略有很大的帮助。

命令行参数

• 传递给 Python 脚本的参数在 **sys.argv** 中可用。

```
# sample.py
import sys
print('Number of arguments recd. = ', len(sys.argv))
print('Arguments recd. = ', str(sys.argv))
```

如果我们像下面这样执行脚本：

```
C:\>sample.py cat dog parrot
```

我们得到以下输出：

```
Number of arguments recd. = 4
Arguments recd. = sample.py cat dog parrot
```

• 如果我们要编写一个脚本来将一个文件的内容复制到另一个文件，可以通过命令行参数接收源文件名和目标文件名。

```
# filecopy.py
import sys, getopt
import shutil

argc=len(sys.argv)
if argc !=3 :
    print('Incorrect usage')
    print('Correct usage: filecopy source target')
else :
    source=sys.argv[1]
    target=sys.argv[2]
    shutil.copyfile(source, target)
```

命令行解析

- 在运行上面的'filecopy.py'程序时,第一个文件名总是被当作源文件,第二个文件名总是被当作目标文件。如果我们希望在提供源文件名和目标文件名方面有灵活性,可以在命令行使用选项:

```
filecopy.py -s phone -t newphone
filecopy -t newphone -s phone
filecopy -h
```

- 为了实现这种灵活性,我们可以使用 **getopt** 模块来解析命令行。

```
# filecopy.py
import sys, getopt
import shutil

if len(sys.argv)==1 :
    print('Incorrect usage')
    print('Correct usage: filecopy.py -s <source>  -t <target>')
    sys.exit(1)

source = ''
target = ''
try:
    options, arguments=getopt.getopt(sys.argv[1:],'hs:t:')
except getopt.GetoptError:
    print('filecopy.py -s < source>  -t <target> ')
else :
    for opt, arg in options :
        if opt =='-h':
```

```
        print('filecopy.py -s <source>  -t <target>')
        sys.exit(2)
    elif opt == '-s' :
        source = arg
    elif opt == '-t' :
        target = arg
    else :
        print('source file: ', source)
        print('target file: ', target)
        if source and target :
            shutil.copyfile(source, target)
```

- getopt()方法解析 **sys.argv[1:]** 并返回一个（选项,参数）对序列和一个非选项参数序列。

- -h 选项是关于程序使用的帮助。

- **sys.exit( )** 终止程序的执行。

位运算符

- 位运算符允许我们处理一个字节的个别位。有多种位运算符可用：

  ~ ——取反运算符

  << ——左移运算符

  >> ——右移运算符

  &——按位与运算符

  |——按位或运算符

  ^——按位异或运算符

- 位运算符的使用：

```
ch=32
dh=~ch          #  切换值为 0 的位到 1 和值为 1 的位到 0
eh=ch<<3         #  << 表示 ch 向左移动 3 位
fh=ch>>2         #  >> 表示 ch 向右移动 2 位
a=45&32          #  45 和 32 按位与运算
b=45 | 32        #  45 和 32 按位或运算
c=45^32          #  45 和 32 按位异或运算
```

- 记住：

  任意值与 0 按位与都是 0。

任意值与 1 按位或都是 1。

1 与 1 异或是 0。

- 位运算符的用途：

  ~ ——将 0 转换为 1 和将 1 转换为 0

  << 或>> ——从左或右移出所需的位数

  &——取一个数中的指定位清零

  |——对数据的某个位置 1

  ^——切换数据的某个位

- <<= ,>>= ,&= ,|= ,^= ——位复合赋值运算符。

- **a=a<<5** 等同于 **a<<=5**。

- 除了～，其他所有位运算符都是二进制运算符。

```
def show_bits(n) :
    for i in range(32, -1, -1) :
        andmask = 1 << i
        k = n& andmask
        print('0', end = '') if k == 0 else print('1', end = '')
show_bits(45)
print( )
print(bin(45))
```

  执行这个程序，我们得到以下输出：

```
00000000000000000000000000101101
0b101101
```

- 这个程序调用 **show_bits()** 函数打印 45 的二进制值。**show_bits()** 对 45 执行按位与运算，并根据每个位的值打印 1 或 0。

断言

- 断言（assertion）允许你以编程方式表达你对执行中的特定数据的假设。

- 断言执行**运行时检查（run-time check）**假设，否则你需要把这些假设放入代码注释中。

```
# 分母不应该是零
avg=sum(numlist)/len(numlist)
```

与其这样,更安全的编码方法是:

```
assert len(numlist) != 0
avg=sum(numlist)/len(numlist)
```

如果 **assert** 后面的条件为真,则程序继续执行下一条指令。如果结果为假,则发生 **AssertionError**异常。

- 断言后面还可以跟一条相关的消息,如果条件失败,将显示这条消息。

```
assert len(numlist) != 0, 'Check denominator, it appears to be 0'
avg=sum(numlist)/len(numlist)
```

- 断言的好处:

——经过一段时间后注释可能会过期。但是断言不会,因为如果这种情况发生,那么在符合条件的情况下也会报错,你将不得不去更新它们。

——在调试程序时断言语句非常有用,因为它会在发生错误时停止程序。这是有意义的,因为如果假设不再为真,那么继续执行就没有意义了。

——使用断言语句,报错会出现得更早,而且更靠近错误的位置,这使得错误更容易诊断和修复。

内部函数

- 内部函数就是在另一个函数内部定义的函数。下面的程序演示了如何做到这一点:

```
# 外部函数
def display() :
    a=500
    print ('Saving is the best thing...')

# 内部函数
    def show() :
      print ('Especially when your parents have done it for you! ')
      print (a)

    show()

display()
```

执行这个程序,我们得到以下输出:

```
Saving is the best thing...
Especially when your parents have done it for you!
500
```

- **show()** 是在 **display()** 中定义的内部函数，只能从 **display()** 内部调用它。在这种意义上，**show()** 被封装在 **display()** 中。

- 内部函数可以访问外部函数的变量，但不能更改变量的值。如果我们在 **show()** 中执行了 **a=600**，就会创建并设置一个新的本地 **a**，而不是属于 **display()** 的那个。

装饰器

- 函数是 Python 的"一等公民"。这意味着像整数、字符串、列表、模块等函数也可以动态创建和删除，传递给其他函数并作为值返回。

- 在开发装饰器时使用了"一等公民"特性。

- 装饰器函数接收一个函数，向它添加一些功能（装饰）并返回它。

- 在库中有许多可用的装饰器。其中包括我们在第 14 章中使用的装饰器 **@abstract-method**。

- 其他常用的装饰器有 **@classmethod**、**@staticmethod** 和 **@property**。**@classmethod** 和 **@staticmethod** 装饰器用于在类名称空间中定义没有连接到类的特定实例的方法。**@property** 装饰器用于自定义类属性的获取和设置。

- 我们还可以创建用户定义的装饰器，如下面的程序所示：

```python
def my_decorator(func):
    def wrapper():
        print('****************')
        func()
        print('~~~~~~~~~~~~~~~~~')
    return wrapper

def display():
    print('I stand decorated')

def show():
    print('Nothing great. Me too!')

display=my_decorator(display)
```

```
display( )
show=my_decorator(show)
show( )
```

执行这个程序,我们得到以下输出:

```
*****************
I stand decorated
~~~~~~~~~~~~~~~~~
*****************
Nothing great. Me too!
~~~~~~~~~~~~~~~~~
```

- 这里的 **display()** 和 **show()** 是普通函数。这两个函数都由一个名为 **my_decorator()** 的装饰器函数装饰。该装饰器函数有一个名为 **wrapper()** 的内部函数。

- 函数名仅包含函数对象的地址。因此,在语句

```
display=my_decorator(display)
```

  中,我们将 **display()** 函数的地址传递给 **my_decorator()**。**my_decorator()** 在 **func** 中收集它,并返回内部函数 **wrapper()** 的地址。我们将地址回收到 **display** 中。

- 当我们调用 **display()** 时,实际上调用了 **wrapper()**。因为它是内部函数,所以它可以访问外部函数的变量 **func**。它使用这个地址来调用 **display()** 函数。在调用之前和之后,它打印一种样式。

- 一旦创建了一个装饰器,就可以将它应用于多个函数。除了 **display()**,我们还将它应用于 **show()** 函数。

- **display()** 装饰器的语法比较复杂,有两个原因。首先,我们必须使用 display 这个词三次。其次,装饰器被隐藏在函数定义之下。

- 为了解决这两个问题,Python 允许使用@符号装饰函数,如下所示:

```
def my_decorator(func) :
    def wrapper( ) :
        print('*****************')
        func( )
        print('~~~~~~~~~~~~~~~~~ ')
    return wrapper

@my_decorator
```

```
def display():
    print('I stand decorated')

@my_decorator
def show():
    print('Nothing great. Me too!')

display()
show()
```

带参数的装饰器函数

• 假设我们希望定义一个装饰器,它可以报告执行任何函数所需的时间。我们需要一个通用的装饰器,它可用于任何函数,而不管它接收和返回的参数的数量和类型。

```
import time

def timer(func):
    def calculate(*args, **kwargs):
        start_time=time.perf_counter()
        value=func(*args, **kwargs)
        end_time=time.perf_counter()
        runtime=end_time-start_time
        print(f'Finished {func.__name__!r} in {runtime:.8f}secs')
        return value
    return calculate

@timer
def product(num):
    fact=1
    for i in range(num):
        fact=fact*i+1
        return fact

@timer
def product_and_sum(num):
    p=1
    for i in range(num):
        p=p*i+1

    s=0
    for i in range(num):
        s=s+i+1

    return (p, s)

@timer
```

```
def time_pass(num):
    for i in range(num):
        i+=1
p=product(10)
print('product of first 10 nos.=', p)
p=product(20)
print('product of first 20 nos.=', p)
fs=product_and_sum(10)
print('product and sum of first 10 nos.=', fs)
fs=product_and_sum(20)
print('product and sum of first 20 nos.=', fs)
time_pass(20)
```

下面是程序的输出：

```
Finished 'product' in 0.00000770 secs
product of first 10 nos.=986410
Finished 'product' in 0.00001240 secs
product of first 20 nos.=330665665962404000
Finished 'product_and_sum' in 0.00001583 secs
product and sum of first 10 nos.=(986410, 55)
Finished 'product_and_sum' in 0.00001968 secs
product and sum of first 20 nos.=(330665665962404000, 210)
Finished 'time_pass' in 0.00000813 secs
```

- 我们确定了三个执行时间的函数——**product()**、**time_pass()** 和 **product_and_sum()**。参数和返回类型各不相同。我们仍然能够将相同的装饰器 **@timer** 应用到所有的对象上。

- 调用这三个函数时传递的参数在 ***args** 和 ****kwargs** 中接收。它们将接收函数所需的任意数量的位置参数和任意数量的关键字参数。然后通过调用将它们传递给适当的函数。

```
value=func(*args, **kwargs)
```

- 被调用函数返回的值将在 **value** 中收集并返回。

- 使用性能计数器，而不是以秒为单位查找函数的开始时间和结束时间之间的差值。

- **time.perf_counter()** 返回性能计数器的值，即小数形式的秒数值。函数两次连续调用之间的差异决定了执行一个函数所需的时间。

- 用类似的方法,可以为类中的方法定义装饰器。

Unicode

- Unicode 是计算机科学领域里的一项业界标准,包括字符集、编码方案等。

- 认为 Unicode 中的每个字符都是 2 字节长的说法是错误的。Unicode 已经超过了 65 536 个字符。

- 在 Unicode 中,每个字符都被分配了一个称为码点(code point)的整数值,通常用十六进制表示。

- A、B、C、D、E 的码点分别为 0041、0042、0043、0044、0045。梵文字符अआइईउ的码点是 0905、0906、0907、0908、0909。

- 计算机只能理解字节。因此,我们需要一种将 Unicode 码点表示为字节的方法来存储或传输它们。Unicode 标准定义了许多将码点表示为字节的方法。这些被称为编码。

- 有不同的编码方案,如 UTF-8、UTF-16、ASCII、8859-1、Windows 1252 等。UTF-8 可能是最流行的编码方案。

- 同样的 Unicode 码点将被不同的编码方案以不同的方式解释。

- 码点 0041 在 UTF-8 中映射到字节值 41,而在 UTF-16 中映射到字节值 ff fe 0041。类似地,码点 0905 分别映射到 UTF-8 和 UTF-16 的字节值 e0 a4 85 和 ff fe 0905。可以参考 https://en.wikipedia.org/wiki/UTF-8 上提供的表,以获得码点到字节值的一一映射。

- UTF-8 为每个码点使用可变数量的字节。码点值越高,在 UTF-8 中需要的字节越多。

bytes 数据类型

- 在 Python 中,文本总是用 Unicode 字符表示,并由 **str** 类型表示,而二进制数据则用 **bytes** 类型表示。可以用前缀 **b** 创建一个 **bytes** 类型。

```
s='Hi'
```

```
print(type(s))
print(type('Hello'))
b=b'\xe0\xa4\x85'
print(type(b))
print(type(b'\xee\x84\x65'))
```

将会输出

```
<class 'str'>
<class 'str'>
<class 'bytes'>
<class 'bytes'>
```

- 我们不能将 **str** 和 **bytes** 混合使用，不能检查其中一个是否在另一个内部，也不能在函数需要其中一个时而将另一个传递给函数。

- 字符串可以编码为字节，字节可以解码回字符串，如下所示：

```
eng='A B C D'
dev= 'अआइई'

print(type(dev))
print(type(eng))
print(dev)
print(eng)

print (eng.encode('utf-8') )
print (eng.encode('utf-16') )
print (dev.encode('utf-8') )
print (dev.encode('utf-16') )

print(b'A B C D'.decode('utf-8'))
print(b'\xff\xfeA\x00 \x00B\x00\x00C\x00\x00D\x00'.decode('utf-16'))
print(b'\xe0\xa4\x85\xe0\xa4\x86\xe0\xa4\x87
\xe0\xa4\x88'.decode('utf-8'))
print(b'\xff\xfe\x05\t \x00\x06\t \x00\x07\t
\x00\x08\t'.decode('utf-16'))

<class 'str'>
<class 'str'>
अआइई
A B C D
b'A B C D'
b'\xff\xfeA\x00\x00B\x00\x00C\x00\x00D\x00'
b'\xe0\xa4\x85\xe0\xa4\x86\xe0\xa4\x87\xe0\xa4\x88'
b'\xff\xfe\x05\t \x00\x06\t\x00\x07\t\x00\x08\t' A B C D
```

A B C D
अआइई
अआइई

- 你的计算机或软件如何解释这些 Unicode 码点取决于所使用的编码方案。如果我们没有指定编码方案,那么将使用你的计算机上设置的默认编码方案。

- 我们可以通过打印 **sys.stdin.encoding** 中的值来找到默认的编码方案。在我的机器上设置的是 UTF-8。

- 因此,当我们打印 **eng** 或 **dev** 字符串时,字符串中出现的码点被映射到 **UTF-8** 字节值,并打印与这些字节值对应的字符。

p</> Programs

问题 17.1

编写一个程序来显示当前目录中的所有文件。它可以从命令行接收 -h、-l 或 -w 选项。如果接收到 -h,则显示有关程序的帮助信息;如果接收到 -l,则一次显示一行文件;如果收到 -w,则显示以制表符分隔的文件。

程序

```python
# mydir.py
import os, sys, getopt

if len(sys.argv)==1 :
    print(os.listdir('.'))
    sys.exit(1)

try:
    options, arguments=getopt.getopt(sys.argv[1:],'hlw')
    print(options)
    print(arguments)
    for opt, arg in options :
        print(opt)
        if opt=='-h':
            print('mydir.py -h -l -w')
            sys.exit(2)
        elif opt=='-l' :
            lst=os.listdir('.')
            print( * lst, sep='\n')
```

```
        elif opt=='-w':
            lst=os.listdir('.')
            print(*lst, sep='\t')
except getopt.GetoptError:
    print('mydir.py-h-l-w')
```

输出

```
C:\> mydir-l
data
messages
mydir
nbproject
numbers
numbersbin
numberstxt
sampledata
src
```

问题 17.2

Windows 将文件的创建日期存储为一个 2 字节的数字, 其位分布如下:

左边最多 7 位, 表示自 1980 年以来的年数

中间 4 位, 表示月

右边最多 5 位, 表示日期

编写一个程序把 9766 转换为日期 6/1/1999。

程序

```
dt=9766
y=(dt>>9)+1980
m=(dt & 0b111100000)>>5
d=(dt & 0b11111)
print(str(d)+'/'+str(m)+'/'+str(y))
```

输出

6/1/1999

小提示

• 以 0b 开头的数字被视为二进制数。

问题 17.3

Windows 将文件的创建时间存储为一个 2 字节的数字。表示小时、分钟、秒的不同位的分布如下：

左边最多 5 位，表示小时

中间 6 位，表示分钟

右边最多 5 位，表示秒数/2

编写一个程序把数字 26031 表示的时间转换为 12:45:30。

程序

```
tm=26031
hr=tm>>11
min=(tm &0b11111100000)>>5
sec=(tm &0b11111) * 2
print(str(hr)+':'+str(min)+':'+str(sec))
```

输出

```
12:45:30
```

问题 17.4

用合适的消息为下列情况编写断言语句：

```
Salary multiplier sm must be non-zero
Both p and q are of same type
Value present in num is part of the list lst
Length of combined string is 45 characters
Gross salary is in the range 30,000 to 45,000
```

程序

```
# Salary multiplier m must be non-zero
sm=45
assert sm !=0,'Oops, salary multiplier is 0'

# Both p and q are of type Sample

class Sample :
    pass
```

```
class NewSample :
    pass

p=Sample ( )
q=NewSample ( )
assert type(p)==type(q),'Type mismatch'

#  Value present in num is part of the list lst

num=45
lst=[10, 20, 30, 40, 50]
assert num in lst, 'num is missing from lst'

#  Length of combined string is less than 45 characters

s1='A successful marriage requires falling in love many times...'
s2='Always with the same person!'
s=s1+s2
assert len(s)<=45, 'String s is too long'

#  Gross salary is in the range 30,000 to 45,000

gs=30000+20000 *15 /100+20000 *12 /100
assert gs>=30000 and gs<=45000, 'Gross salary out of range'
```

问题 17.5

定义一个装饰器,它可以装饰任何函数,使其在调用之前附加一条消息,指示该函数正被调用,并在调用之后附加一条消息,指示该函数已被调用了。另外,报告被调用函数的名称、参数及其返回值。示例输出如下:

```
Calling sum_num ((10, 20), { })
Called sum_num ((10, 20), { }) got return value: 30
```

程序

```
def calldecorator(func) :
    def _decorated(*arg, **kwargs):
        print(f'Calling {func.__name__} ({arg}, {kwargs})')
        ret =  func(*arg, **kwargs)
        print(f'Called {func.__name__} ({arg}, {kwargs}) got ret val: {ret}')
        return ret

    return _decorated

@calldecorator
```

```
def sum_num(arg1,arg2) :
    return arg1+arg2

@calldecorator
def prod_num(arg1,arg2) :
    return arg1 *arg2

@calldecorator
def message(msg) :
    pass

sum_num(10, 20)
prod_num(10, 20)
message('Errors should never pass silently')
```

输出

```
Calling sum_num ((10, 20), { })
Called sum_num ((10, 20), { }) got return value:
30 Calling prod_num ((10, 20), { })
Called prod_num ((10, 20), { }) got return value: 200
Calling message (('Errors should never pass silently',), { })
Called message (('Errors should never pass silently',), { }) got
return value: None
```

 **Exercise**

[A] 下列陈述是对还是错:

(a) 我们可以在命令行向任何 Python 程序发送参数。

(b) sys.argv 的第 0 个元素总是被执行文件的名称。

(c) 内部函数可以在外部函数的外部调用。

(d) 内部函数可以访问外部函数中创建的变量。

(e) 在 Python 中,函数被视为对象。

(f) 一个函数可以传递给另一个函数,也可以从另一个函数返回。

(g) 装饰器可以为现有函数添加功能。

(h) 一旦装饰器被创建,它就只能应用于程序中的一个函数。

(i) 被装饰的函数必须不接收任何参数。

(j) 被装饰的函数必须不返回任何值。

(k) 'Good!' 的类型是 bytes。

(l) msg = 'Good!'中 msg 的类型是 str。

[B] 回答下列问题：

(a) 编写一个程序，使用命令行参数在一个文件中搜索一个单词并将其替换为指定的单词。程序的用法如下所示：

```
C:\> change -o oldword -n newword -f filename
```

(b) 编写一个可以在命令提示符下作为计算工具使用的程序。程序的用法如下所示：

```
C:\> calc<switch><n><m>
```

其中，**n** 和 **m** 是两个整数操作数。**switch** 可以是任何算术运算符。输出应该是运算的结果。

(c) 使用位复合赋值运算符重写下列表达式：

```
a = a|3        a = a&0x48        b = b^0x22
c = c<< 2      d = d>> 4
```

(d) 考虑一个无符号整数，其最右位被编号为 0。编写一个函数 **checkbits(x, p, n)**，如果从位置 p 开始的所有 n 位都是 1，则返回 True，否则返回 False。例如，**checkbits(x, 4, 3)** 将返回 True，如果数字 **x** 中的 4、3 和 2 位是 1 的话。

(e) 编写一个程序来接收一个数字作为输入，并检查它的第 3 位、第 6 位和第 7 位是否为 1。

(f) 编写一个程序来接收一个整数作为输入，然后使用按位运算符交换它的 2 个字节的内容。

(g) 编写一个程序来接收一个 8 位的数字到一个变量中，然后将它的高 4 位与低 4 位交换。

(h) 编写一个程序来接收一个 8 位的数字到一个变量中，然后将其奇数位设置为 1。

(i) 编写程序，将一个 8 位数字接收到一个变量中，然后检查它的第 3 位和第 5 位是否是 1。如果发现这些位是 1，就把它们删除。

(j) 编写程序来接收一个 8 位数字到一个变量中，然后检查它的第 3 位和第 5 位是否为 1。如果发现这些位是 0，则把它们改为 1。